U0533549

变 通

灵活解决棘手和复杂问题的黑客思维

[巴西] 保罗·萨瓦吉特（Paulo Savaget）◎著

张文婷　仵　洁◎译

THE
FOUR
WORKAROUNDS

Strategies from
the World's Scrappiest
Organizations for Tackling Complex
Problems

图书在版编目（CIP）数据

变通：灵活解决棘手和复杂问题的黑客思维 /（巴西）保罗·萨瓦吉特著；张文婷，作洁译. -- 北京：中信出版社，2024.6

书名原文：The Four Workarounds: Strategies from the World's Scrappiest Organizations for Tackling Complex Problems

ISBN 978-7-5217-6542-7

Ⅰ.①变… Ⅱ.①保… ②张… ③佟… Ⅲ.①思维方法－通俗读物 Ⅳ.① B80-49

中国国家版本馆 CIP 数据核字（2024）第 086615 号

The Four Workarounds: Strategies from the World's Scrappiest Organizations for Tackling Complex Problems © 2023 by Paulo Savaget.
Simplified Chinese translation Copyright © 2024 by CITIC Press Corporation
ALL RIGHTS RESERVED
本书仅限中国大陆地区发行销售

变通：灵活解决棘手和复杂问题的黑客思维
著者： ［巴西］保罗·萨瓦吉特
译者： 张文婷　作洁
出版发行：中信出版集团股份有限公司
（北京市朝阳区东三环北路 27 号嘉铭中心　邮编 100020）
承印者： 河北鹏润印刷有限公司

开本：880mm×1230mm 1/32　印张：9　字数：200 千字
版次：2024 年 6 月第 1 版　印次：2024 年 6 月第 1 次印刷
京权图字：01-2023-6114　书号：ISBN 978-7-5217-6542-7
定价：68.00 元

版权所有·侵权必究
如有印刷、装订问题，本公司负责调换。
服务热线：400-600-8099
投稿邮箱：author@citicpub.com

将我深切的爱、感激和钦佩献给詹詹、米尔唐和朱

目 录

作者推荐 Ⅰ
引　言 Ⅲ

第一部分　黑客思维

第一章　借东风 003
　　借东风式的黑客思维 006
　　借可口可乐的东风治疗儿童腹泻 007
　　互惠关系 017
　　共生关系 021
　　寄生关系 025
　　如何借东风 027
　　何时借东风 038

第二章　找漏洞 041
　　找漏洞式的黑客思维 047
　　利用模糊性 047

婚姻自由　049
公海上堕胎　054
共享受保护信息的漏洞　061
如何利用漏洞挽救生命　066
正视找漏洞的道德性　069
如何寻找漏洞　074

第三章　迂回战　077
迂回战式的黑客思维　082
保持社交距离的权宜之计　084
秘密开展的迂回战：越轨创新　088
迂回战的力量：种姓制度的转变　092
在压迫性系统中创造"小缓和"　095
何时采用迂回战　103

第四章　次优解　105
次优解式的黑客思维　108
补丁的作用　109
平凡资源的非凡用途　111
非凡资源的平凡用途　115
叠加次优解的力量：比特币的诞生　120
打破现状，开创先例　124
何时选用次优解　131

目 录

第二部分　黑客思维的应用

第五章　变通的态度 135
　　循规蹈矩并不会一帆风顺 138
　　我们总是忽略那些会拖后腿的规则 142
　　规则激发权力 145
　　批判叛逆精神会带来更大的恶果 148
　　独辟蹊径不等于对抗规则 151
　　绕开规则的途径 155

第六章　变通的思维 161
　　无所不知，有所不知，一无所知 165
　　拓宽感知的极限 168
　　局外人的力量 173
　　复杂问题并不需要烦琐的解决方案 178

第七章　构建黑客思维 181
　　黑客思维的原则 183
　　建立思维基础 186
　　如何构思四种变通法 191
　　让我们开始吧 196
　　从灵感到实践 203

第八章　组织制度中的黑客思维 207
　　商业策略 210

　　　　企业文化　219
　　　　领导力　225
　　　　团队合作或单枪匹马　228
尾　声　工作之外的黑客思维　235

致　谢　241
注　释　245

作者推荐

我在学会走路之前便经历了人生中的第一次变通。十个月大的我，患上了危及生命的腹泻。由于无法吸收水和食物，我严重营养不良，经历了体重快速下降和脱发。那时，我的父母必须想清楚如何拯救我的生命。有两种治疗方法：特殊配方奶粉或母乳。

我的母亲彼时已经无法对我进行母乳喂养了。我们当时住在巴西，当地缺乏特殊配方奶粉，而可以提供母乳的机构正在闹罢工。我的家人急需找到一种解决方案。通过口口相传，我被安置给了贫民窟里的年轻母亲，她们慷慨地让我与她们的孩子一同吸吮乳汁。虽然我的父母明白母乳喂养存在艾滋病传播的风险，但他们不得不抓住这个机会，即使这个决定并不完美。最终，它起作用了。如果不是这次灵活变通，我可能会像当年全球范围内约170万名五岁以下儿童一样，因失去超过10%的体液而死亡。[1]

我父母采用的这种卓有成效又不同寻常的变通方法可以用

来解决更多的难题。

我们总是会遇到各种各样的复杂问题，无论是在家庭、职场还是社会中。即使拥有全世界所有的金钱和时间，有时我们也无法获得最佳的解决方案。那么，在遇到燃眉之急时，我们应该怎样做呢？答案是运用黑客思维。

黑客思维帮助我解决了问题，读完这本书后，你也能学会运用黑客思维以最低的成本来有效地解决复杂的问题。无论是面对日常问题还是世界上最严峻的挑战，我们都可以优雅地绕过障碍，尝试探寻非常规的解决方案。

引 言

在寻找解决复杂问题的锦囊妙计时，我与黑客思维不期而遇。我现在是牛津大学工程科学系和赛德商学院的一名副教授，从事应用研究工作，致力于改变不公平的制度。在成为一名学者之前，我有着一系列看似与之无关的经历，这些经历构成了我的求索之路，将我创业的激情与所关注的社会和环境问题结合起来，例如贫困、不平等和气候变化。我曾是公司的联合创始人，为管理者传道授业，也在非营利性组织工作过，担任各类项目的顾问，我的足迹遍布从大公司和政府间组织的高端办公室到亚马孙的偏远地区，再到巴西贫民窟的各个角落。

顾问的工作给了我一个机会去窥探与我原有生活截然不同的现实。然而，无论是为高收入国家的科技政策提供建议，还是评估与热带雨林传统人口相关的社会项目，我发现报告（事实上包括我读过的所有研究报告）中的建议总是如此笼统，例如"更加积极地合作"、"提高协调一致性"和"进行长期规划"。这些建议并没有错，只是它们过于泛泛而谈，尤其是当棘手的问题迫在眉睫时，缺乏进一步的指导。

我对管理者的幻想日渐破灭，商业大师向来对那些不能为其带来直接收益的人不闻不问。更糟糕的是，在过去的十年里，大公司一直试图说服非营利性组织向其靠拢。但是，在非营利性组织的工作经验告诉我，企业能够从那些有影响力的小组织身上学到很多东西。我用"好胜"一词来形容这些小组织，它们精力旺盛、足智多谋，处在权力边缘。出于需要，这样的小组织必须快速思考。尽管明显有些笨拙，但它们却独辟蹊径，经常在坚持中取得成功。然而在商业界，向这些"丑小鸭"学习创新和实践的智慧尚不为人知。

这启发我去观察那些一鸣惊人的离经叛道者，甚至包括罪犯。有一次，在无心工作之时，我偶然间在《纽约时报》上看到了一则关于计算机黑客、网络罪犯阿尔伯特·冈萨雷斯曾轰动一时的报道。14岁时，他已成为一群好为事端的计算机极客的头目，他们入侵了美国国家航空航天局的网络系统，并在1995年引起了美国联邦调查局的注意。大约13年后，冈萨雷斯因全球最大、最复杂的身份信息盗窃案被起诉，在此期间，他几乎从未正式接受过任何相关技能的培训。根据最终统计，冈萨雷斯及其同伙窃取的信用卡和借记卡超过1.7亿个。[1]

请你不要误会，我对冈萨雷斯的恶意动机并不感兴趣，而是对他和其他黑客在缺乏资源和培训的情况下，依然能够破解计算机系统感到惊讶。我对代码一无所知，但黑客引起了我的兴趣。然而，当时我无法掌握更多有关他们的信息。管理学者

引 言

只有在涉及网络安全时才会对黑客感兴趣，记者仅对渲染黑客的负面形象，而非揭露他们如何进行黑客攻击感兴趣。尽管黑客在计算机屏幕后面做着令人咋舌的事情，但我们对其方法知之甚少。

因此我知道自己必须学习更多关于黑客的知识。

我在剑桥大学攻读博士学位时，作为一名盖茨学者，心中只有一个问题：我们能否向黑客学习，利用他们的方法来解决这个世界上最紧迫、最危险的社会环境问题？

在这项研究问世之前，学术界从未将黑客行为视为理解或加速现实世界变化的一种手段。为了了解黑客是如何做这些事情的，我首先进行了一系列采访。在深入探讨的过程中，我意识到，面对困难迎难而上是人类的天性。然而，这种直面困难的天性常常使我们四处碰壁。而黑客的秘密在于，当他们在未知的领域里穿行时，并不直面那些前进中的障碍，而是绕开它们，曲线救国。这些变通的方法或许不能一次性解决所有问题，但它们能够使黑客在当下获得足够好的结果——快速取胜，有时可以为巨大的、不可预测的变化铺平道路。

黑客的行为方式也让我意识到，人们通常遵循的传统智慧简化了我们对日常事务的反应。回想一下，你是如何使用"方法"来做事的，如煮意大利面的方法、使用锤头的方法、回应当局的方法、写电子邮件的方法……尽管这些明确的规则或惯例可以让我们在不过度劳累的情况下完成工作，但它们也让我们变得麻木，限制了我们的视野和可能求索的领域。我们下意识地不去探索其他做意大利面或使用锤头的方法,同时屏蔽了与当局沟通以及写电子邮件的创新方法。

随着对在线黑客社区研究的不断深入,我还发现黑客行为并不局限于计算机领域。正如谷歌邮箱的创始人及其主要开发人员保罗·布赫海特曾经写下的那样:"哪里有系统,哪里就有被黑客攻击的可能性,然而系统无处不在。"[2]

这个发现是我工作的一个转折点。它使我意识到自己最初的假设是错误的。在许多情况下,被商业界视为"好胜"的组织,其实是在运用黑客思维来破解它们自身存在的问题的——尽管它们并未使用这个术语。通过绕开障碍物,它们解决了关键问题,有时还留下了一些强有力的解决方案,尤其对那些全力以赴也难以解决的问题来说更是如此。

随后,我将研究转向探索变革者,包括企业家、学者、公司、非营利性组织、社区团体和政策制定者。我研究他们是如何绕过线上和线下的障碍,"破解"各种各样的问题的。这些研究涵盖了全球最严峻的挑战,从新冠疫情、性别歧视到贫困,再到日常生活中的诸多不便。这次研究方向的转变将我带入了意料之外的领域,使我有幸能够向那些明珠蒙尘的好胜组织学习。

所有伟大的探索性研究都源于无所畏惧的好奇心。研究人员只是渴望窥探未知的事物。因此,在盖茨基金会、剑桥大学、桑坦德银行及 IBM(国际商业机器公司)政府业务中心的研究拨款和奖励的帮助下,我在三年内走遍了九个国家,经历了各

引 言

种场合，研究那些特立独行者如何运用黑客思维解决诸如医疗保健、教育、堕胎权、种姓偏见、卫生和腐败等紧迫问题的案例。在寻找智慧方案的过程中，我从一些不可思议的具有横向思维的精英身上学习，这些精英涉及医生、原住民部落的领袖和活动家。

在与这些特立独行者接触之后，我就开始从事研究人员最擅长的事——寻找规律，而这是一项比实地考察更为枯燥的任务。在大剂量的咖啡因和巧克力的刺激下，我花了几个月的时间阅读、整理、分类和比较从实地收集的数据。

这些开拓者之间有何共通之处？他们如何处理各自所面临的问题？对于这些问题的思考让我发现了一些反复出现的主题，那些具有黑客思维的谋划者往往对现状感到不满，他们在充满紧迫性和即时性的环境中成长，经常不按常理出牌，并且足智多谋。尽管这些早期的观察对我的研究很有帮助，但它们更像是论文的引言而非结论。随着对这些主题思考的深入，我越来越想关注和学习这些灵活变通的方法。为了深入了解，我潜心研究了采访记录，希望"让数据说话"，以便在这些案例中找寻固定规律。不幸的是，采访记录仅是单方面的，而我不想用数据来做反向证明。因此，我改变了策略，把每一个案例都当作一个独立的故事来重新审视，从头来看发生了什么，然后呢，再然后呢。

令我惊讶的是，尽管背景、人物和情节设置各不相同，但这些故事都以相似的方式展开。当我从数据中抽身，单独审视每一个案例时,规律就出现了。所有具有黑客思维的故事主角都使用了至少四种变通方法中的一种,我将其称为"借东风"、"找漏洞"、"迂回战"和"次优解"。

在确定了这四种方法后,我开始追踪无处不在的黑客思维。那些不甘人后的天才特别善于运用这些灵活的策略,我开始意识到黑客思维可能会出现在任何地方,它们不仅出现在资金匮乏的创新组织里,还出现在有影响力的法律案件里,甚至出现在童话故事里。我甚至发现,它们还散落在我已暗下决心不再去效仿的公司身上。令我惊讶的是,世界上一些极为强大的组织在面对利害关系重大、无暇应对常规和烦琐的决策程序时,也会运用黑客思维。

黑客思维是一种高效、通用且易行的方法,它能帮助我们解决各种复杂问题。在这本书里,我们将一起探索这四种变通方法的应用,通过一系列种类不一、充满惊喜的故事,来深入了解它们涉及的关键内容。这些故事的主角各不相同,从平凡的管家到举足轻重的政策制定者,他们的故事都被囊括其中。我们的旅途将涉及广泛的领域,从国际水域到数字地带;从大公司的会议室到发明家的实验室;从德里市区到地球上一些最难到达的地方,如赞比亚的农村。本书将使你有机会置身于新的环境,在非常规的故事中学习。它将挑战你解决问题的思考方式,并展示黑客思维如何帮助你解决经常遇到的障碍。

第一部分涵盖了什么是黑客思维以及我是如何提炼出相应的变通方法的。第二部分探讨了如何培养变通的态度和心态,

引　言

包括如何反思你平常看待、判断和处理障碍的方式。然后，我将在更实际的层面告诉你如何系统地构建黑客思维，以及如何使你在工作中更好地变通。最后，我亦思考了黑客思维如何最终帮你度过时而混乱的日常生活。

正如本书所分享的研究成果，我的目标是让你能够识别自己已经使用过的变通方法，运用黑客思维来改变你看待问题和解决问题的方式，识别基本的知识评估障碍，并与影响前行的新障碍周旋。因此，如果你对解决问题的现状不满，对非常规的故事感兴趣，或者想要用不同的方式思考、决策并解决自己的问题，那么请继续阅读本书。

第一部分
黑客思维

黑客思维是一种具有创造性、灵活性、包容性，并以问题为导向的解决方法。在本质上，黑客思维是一种忽略惯例，甚至在谁来解决问题、怎么解决问题上挑战惯例的方法。当传统方法失败，或者当你没有相应的权力或资源来采用传统解决方法时，黑客思维显得尤为适用。

黑客思维包括四种变通方法，每一种都有不同的属性。"借东风"利用的是现有的但看起来并不相关的系统或关系。"找漏洞"则依赖于有选择地使用或重新解释一些传统规则。"迂回战"可以干扰自我强化的行为模式。"次优解"是重新利用或重组现有的资源，从而为完成工作独辟蹊径。

任何人都可能在无意中使用了黑客思维中的某种变通方法，但只有真正了解这些方法，才能够有意识地寻求变通的解决方案。

第一章

借东风

作为一名顾问，我曾深入巴西亚马孙的一个偏远腹地，那里只能乘船抵达。当地居民居住在一个环境保护区内，由于贫困且与市区相隔很远，他们仅能接触到少量的工业化产品。在我抵达当地后，他们热情地邀请我共进午餐。那是一顿美味的当地盛宴，里面有我从未品尝过的亚马孙河里的鲜美鱼类，以及一瓶可口可乐。

　　不论去哪里旅行，我总能看到瓶装饮料，如可口可乐或百事可乐。我从未深入思考过，一箱可口可乐如何能够克服重重障碍，将救命的药品送达那些急需它们的社区。幸运的是，有一对夫妇一直试图通过可口可乐来解决药物的运送问题。他们的创新方法是一种被我称为"借东风"的黑客思维的变通方法的范例。

　　我们经常被固有模式和惯性所累，而忘记寻找非传统的解决问题的方法，借东风可以帮助我们找到跨越孤岛的机会。从低收入经济体[1]的非营利性组织到硅谷的大公司，借东风是一种适用于所有人的非凡策略。在我们进行深入探讨之前，先来了解一下借东风都涵盖了哪些内容。

借东风式的黑客思维

借东风式的黑客思维能够使我们规避各种障碍，通过利用看似无关的系统来解决我们的问题。这种"有风可借"的策略源于多个参与者或系统的交互，不仅存在于人际交往中，在自然界的任何地方都有可能发生。

在生物学术语中，共生关系利用了生态系统中"已经存在"的概念，这些关系可以是互惠的、共生的或寄生的。[2]

互惠关系对两个物种都有利。例如，枪虾和虾虎鱼，这两个物种一起生活在由枪虾建造和维护的沙洞里。沙洞为虾虎鱼提供了一个躲避捕食者和产卵的庇护所，而作为回报，虾虎鱼会在捕食者接近时，用尾巴触碰几乎失明的枪虾，以警告它退回到沙洞中。

共生关系是指一个物种受益而另一个物种不受影响的关系。例如，鲫鱼是一种附着在较大动物（如鲨鱼）鳍上的小鱼。鲨鱼几乎感觉不到鲫鱼的存在，但鲫鱼却可以从共生关系中受益，比如搭"顺风车"、享受残余食物以及安保服务——鲫鱼的捕食者不敢靠近鲨鱼。

正如我们大多数人所知道的，寄生关系是一个物种以牺牲另一个物种为代价而获益的关系。比如寄生虫吸收宿主自身的

第一章 借东风

食物、水,并将其作为繁殖的空间。而它们的宿主在这个过程中会受到伤害,出现发烧、咳嗽、腹痛、呕吐,甚至腹泻等症状。

借东风的变通方法也有类似之处,即组织之间的关系可以是互惠的、共生的或寄生的,有时甚至是出人意料的。通过以下几个案例,我们将会看到借东风方法的灵活性,包括它所使用的关系和追求的目标。

借可口可乐的东风治疗儿童腹泻

现在,我们一起来了解一个关于可口可乐与英国夫妇简·贝瑞和西蒙·贝瑞的故事。这对夫妇不仅想出了一种巧妙的方法来利用软饮料的分销网络,还成立了一个名为"可乐生命"(ColaLife)的非营利性组织,通过利用可口可乐等快速消费品已成熟的分销网络,成功地绕过了阻塞赞比亚偏远地区获得治疗腹泻药物的障碍。

我有幸在BBC(英国广播公司)的一篇文章[3]中发现了他们的故事。当时,他们赢得了伦敦设计博物馆的年度产品设计奖。该奖项是在2013年颁发的,但获奖的设计构思其实很早就已经有了。20世纪80年代,西蒙与一个英国援助项目合作,致力于赞比亚农村地区的综合发展。当时,他惊讶地发现,在该地区买到可口可乐很容易,但要买到治疗腹泻等致死疾病的廉价非处方药物却非常困难。

变通：灵活解决棘手和复杂问题的黑客思维

西蒙的想法既聪明又简单：在可口可乐板条箱的瓶子之间插入一个装有治疗儿童腹泻药物的既廉价又简易的包装，这样止泻药就可以搭上可口可乐分销网络的"顺风车"，从而绕过获取药品所面临的系统性问题。贝瑞夫妇很渴望测试一下这种借东风的方式，但他们必须先了解需要绕过哪些障碍。

1. 为什么问题会持续存在

贝瑞夫妇在首次采用借东风的解决方案时，对腹泻为何成为持续存在的问题并不完全了解，只知道腹泻夺去了很多儿童的生命，且生活在赞比亚偏远地区的人无法获得治疗。当他们研究利用可口可乐的分销网络为偏远地区提供治疗药物的可行性时，才发现儿童腹泻是这个时代极为可怕的问题之一：在撒哈拉以南非洲地区，它是五岁以下儿童死亡的第二大原因。美国疾病控制与预防中心的数据显示，在2011年贝瑞夫妇共同创立"可乐生命"时，全球每年约有80万名儿童因腹泻死亡[4]，比艾滋病、疟疾和麻疹导致的儿童死亡率加起来还要高[5]。

公共部门通常需要高度协调以应对腹泻感染，即从多个方面制定政策和进行投资。[6] 然而，像赞比亚这样的低收入国家的政府面临多重限制，包括资金匮乏、基础设施落后和治理缺失。21世纪初，只有50%的农村家庭在半径3英里①的范围内拥有

---

① 1英里约合1.61千米。——编者注

第一章 借东风

医疗健康设施。[7]赞比亚卫生部门也认识到了基础设施不足的问题。农村地区人口分布稀疏、车辆等外联资源不足，以及部署不妥当都限制了公共部门在全国范围内提供医疗服务。即使在有医疗机构的情况下，人们也经常面临药品供应短缺的问题。从长远来看，改善基础设施，如修建更好的道路或增加更多的医疗服务点，可能会有所帮助，但由于潜在的社会、政治和经济障碍，这些措施代价高昂并且难以实施。[8]形势太过严峻，因此不能坐等公共部门的长期解决方案落地。

那么，通过私人部门分发口服补液盐和锌补充剂怎么样？口服补液盐和锌补充剂搭配使用是一种非处方治疗方案，人们可以在家里服用，并且非常便宜，这也是世界卫生组织推荐的治疗方法。即使在偏远地区，配送网络也已经存在，以使商店能够出售糖、食用油和可口可乐等产品。那么为什么这些商店里没有口服补液盐和锌补充剂可供出售呢？

不幸的是，在私人部门中也存在许多障碍。尽管存在对药品的需求，但由于直接卖给穷人的利润率较低，或者政府财力不足导致购买力受限，因此低收入地区的疾病治疗在全球市场中并非首要任务。此外，诸如药店这样的零售商稀少且分布过于分散也是原因之一。2008年，赞比亚只有59家药店，其中40家集中在首都卢萨卡。当地法律规定药店必须雇用一名药剂师，但全赞比亚的药剂师总数尚不足100人，因此阻碍了药店的扩张。[9]与此同时，薄弱的基础设施和有限的运输服务也阻碍了药物公司、批发商和零售商之间的产品流动。

在赞比亚，有许多障碍影响人们获得腹泻治疗药物，这也意味着有许多找到变通方法的机会。

2. 试行借东风的变通方法

黑客思维的使用需要改变我们平常处理问题的方式。在一个特定的情况下，借东风式的黑客思维将我们的注意力从现在"缺什么"转移到现在"有什么"。这正是贝瑞夫妇所使用的方法：他们重视环境的潜力，并认识到保持地方自治的必要性。20世纪80年代，西蒙受雇于英国国际发展部并居住在赞比亚，从事一项在当时具有革命性的项目——把管理权移交给当地社区。早在21世纪初，西蒙就注意到，国际发展部将低收入地区视为资源匮乏地区，实施了一些旨在"填补空白"的项目，而不是在当地的能力和活动基础上进行发展，从而造成了当地对国际发展项目的依赖性。

当贝瑞夫妇决定将借东风法付诸实践时，他们坚定地秉持着这样的理念："发展中国家的每一个问题都可以由当地的人和系统来解决。这不是一个引入新人员或平行系统的问题……而是要让已经存在的事物以一种更契合的方式更好地运转。"那么，他们如何才能从可口可乐以及在赞比亚运行良好的其他快消品流通中获益，从而解决迫在眉睫的健康问题呢？他们又该如何迈出第一步呢？

西蒙在脸书（Facebook）上发布了在可口可乐瓶之间放置药

第一章 借东风

品的想法。这个创新性的想法迅速获得了广大网友的点赞、分享和关注，BBC 也对此进行了专题报道[10]。随后，贝瑞夫妇成功获得了进入可口可乐欧洲总部的机会，并因此联系上了赞比亚的南非米勒酿酒公司。他们还为药品设计了一种独特的，可以放置在可口可乐板条箱的瓶子之间的三角形包装，这个创造性的设计为他们筹集到了资金，并有了在赞比亚的两个地区进行探索性试验的可能。

他们很快发现，这种借东风的方法具有共生性：它不仅不会损害可口可乐的利益，而且会使南非米勒酿酒公司受益，同时还可以帮助患病儿童。可口可乐采取的是广泛性分销策略，是由需求驱动的，因此即便是可口可乐的经理通常也不知道瓶子的去向。在像赞比亚这样的国家，分销涉及当地众多的参与者，从大型超市到人口稀少地区的小商店。许多分销商都在城市和农村之间运送可口可乐，甚至包括那些用橡皮筋把可口可乐箱子绑在自行车上运输的人。可口可乐在全国各地的生产者和消费者之间旅行，这些大大小小的参与者都在可口可乐的旅程中发挥着重要的作用。

南非米勒酿酒公司帮助贝瑞夫妇联系到可口可乐的批发商，这使贝瑞夫妇有可能找到供应链上的其他关键角色，正是他们确保了可口可乐在全国各个角落都能买到。贝瑞夫妇与许多开始销售此类药物的小店主，以及整个可口可乐公司分销链上的不同参与者接触，如杂货店、零售商、分销商等，了解它们如何相互作用，以及如何从这些相互作用中受益。作为这项探索性试验的一部分，"可乐生命"还与护理人员合作设计了抗腹泻套件，这是一种混合了口服补液盐和锌补充剂的止泻治疗套装。

在追求宏大愿景的道路上，"可乐生命"遇到了一系列小障碍，但贝瑞夫妇仍在执着地克服这些挑战。他们了解到，如果没有量杯来精确测量，人们就很难正确用药。当护理人员无法精确测量溶解口服补液盐所需的水时，可以让抗腹泻套件的三角形包装充当量杯使用。

地方监管的限制也带来了额外的挑战。"可乐生命"在包装中加入了一块肥皂，以便护理人员在配药前洗手。然而赞比亚药品监管机构指出，肥皂不能和药品放在同一个包装中，因为它们属于不同类别的产品。面对这一规定，贝瑞夫妇再次巧妙地运用了借东风式的黑客思维：他们设计了一个可以嵌入包装顶部的肥皂托盘，将肥皂与口服补液盐和锌补充剂分开。这样就可以在确保隔离的基础上实现对两类产品的同时供应。监管机构对此表示满意，因为它们的要求得到了满足。

经过一系列调整，试行的结果令人印象深刻。在短短一年时间里，整个试点地区联合疗法的使用率从不到1%飙升到46.6%。他们在对该国其他地区进行监测和比较后，并没有发现其他地区的情况有更明显的改善。[11]

试点项目的结果表明，为了实现更广泛的覆盖并确保药品的持续和弹性供应，贝瑞夫妇不能只依赖可口可乐的分销网络。尽管试验取得了成功，但将药品装入可口可乐板条箱的策略并不是"可乐生命"成功的核心，事实上，分销商往往不会"浪

第一章 借东风

费时间"将药品套件放入瓶子之间,而是将它们和其他运输物品绑在一起。

此外,最初的分销模式依赖于贝瑞夫妇在赞比亚的实际参与,但这对夫妇并没有长期留在当地医疗供应体系中的打算。正如简告诉我的那样:"我们不会永远待在那里。很多项目的上马,比如五年的项目,只产生了五年的变化,结束后,事情又回到了从前,甚至比以前更糟……我们所做的一切都是为了在我们离开后发生的变化,我们一直在为离开做准备。"

3. 将所借之东风规模化

贝瑞夫妇明白,他们必须确保药物流通的可持续性、营利性和弹性。为此,他们不得不采取一种更加互惠的整合方式模仿可口可乐的价值链。他们必须确保药物流转的所有参与者——从最初的制药商到最后的零售商——都能获益,否则他们可能会选择退出,从而影响药品的流通。换句话说,他们必须从依赖可口可乐板条箱进行药品运输,转变为利用整个供应链系统来实现药品分销。

在试行成功后的四年里,他们通过一种使整个供应链受益的方法扩大了影响力。"可乐生命"向当地一家制药公司帕尔马诺瓦免费提供了抗腹泻套件的非独家知识产权许可。他们还帮助帕尔马诺瓦公司进行产品的设计和包装,甚至为该公司进口机器,并资助其营销活动。这些举措增加了帕尔马诺瓦公司从抗腹泻套件生产中获利的机会，使其具备了足够的实力来满足该国所需的治疗质量和规模供应。

"可乐生命"还与分销链中间的代理商进行合作。他们积极与超市、药店和批发商取得联系，以确保它们能直接从帕尔马诺瓦公司采购并储存治疗药物。这些参与者非常关键，它们直接向护理人员和其他小型零售商、分销商销售药物，比如向偏远地区的店主销售药物。小商店是农村地区大多数护理人员主要涉足的地点，但它们往往也最脆弱。为了解决这个问题，在当地一家非营利性组织的支持下，"可乐生命"培训了数千名店主，以便为他们提供腹泻治疗相关方面的指导。这家非营利性组织通过商业技能的培养帮助店主建立了持续储存产品的重要能力。

"可乐生命"还通过利用大公司的资源和成就，解决了资金问题。例如，在通过私人部门推广抗腹泻套件时，贝瑞夫妇偶然发现了一个由美国国际开发署资助的项目，该项目有一笔用于药品营销的预算，他们巧妙地利用这笔营销预算以及培训项目，将抗腹泻套件与其他药品组合推广。

此外，一些看似普通的黑客思维也为赞比亚提供腹泻治疗做出了重要贡献，因为它们创建了一个人人受益的药物流通模式。当所有参与者都对维持药物流通模式感兴趣时，"可乐生命"就成功地将治疗扩展到了赞比亚国内近 20 个地区，并获得了比最初试验更好的结果。

"可乐生命"在私人部门实施黑客思维式的变通方法也为解

决阻碍通过公共部门获得药物的一些系统性问题奠定了基础。贝瑞夫妇特别希望他们的方法能够被应用到公共部门，因为这有益于帮助赞比亚国内更多的儿童治愈疾病。他们知道如何协助政府解决资金和基础设施问题。因此，他们协助帕尔马诺瓦公司开发了由政府冠名的抗腹泻套件，由赞比亚卫生部采购，并由14个地区的医疗机构和社区卫生工作者免费发放。"可乐生命"再次发挥了汇聚并连接所有代理商资源的作用，从制药公司到发放药物的人，如医生、护士和社区卫生工作者。

在"可乐生命"成立大约四年后，该组织已经搭上了现有商品分流模式的"顺风车"，并通过公共部门和私人部门提供当地生产的、可广泛获取的、人们负担得起的腹泻治疗产品。当我在2017年访问赞比亚时，帕尔马诺瓦公司平均每天销售1 400个抗腹泻套件，这一数据证明，其已成为该公司产品组合中极为畅销和极具前景的产品之一，而且整个试点地区的使用率也从平均1%增长到了53%[12]。

4. 借世界卫生组织的东风

贝瑞夫妇在赞比亚留下了一个可自我维系的腹泻治疗模式后便回到了英国。现在，他们对医疗健康领域的"运行模式"有了更深入的了解，并发现了另一个可以改变游戏规则的机会，但这次在伦敦本土就可以实现。他们知道，如果这个模式能够成功，那么"可乐生命"的影响力将覆盖其他更多低收入国家的人群，这些国家与赞比亚一样，无法获得充足的腹泻治疗药物。

贝瑞夫妇了解到，在赞比亚，尽管治疗腹泻需要采取口服补液盐和锌补充剂的联合治疗方式，但政府往往将两者分开采购和配发。这意味着医疗机构往往缺乏这两种药品中的一种，或者由于医生不知道世界卫生组织关于联合治疗的建议，他们往往会开出不含锌的口服补液盐。口服补液盐和锌补充剂的联合包装有助于规避此类问题，而且贝瑞夫妇也有相应的研究证据。2016年，贝瑞夫妇收集的数据显示，即使赞比亚的医疗机构有口服补液盐和锌补充剂的库存，但由于它们是分开包装的，因此只有44%的病例得到了两者的联合治疗，而当口服补液盐和锌补充剂一起包装时，得到联合治疗的病愈比例提高至87%。[13]

那么，贝瑞夫妇怎样才能使口服补液盐和锌补充剂的联合包装变成一种常态而非例外呢？

在即将离开赞比亚的时候，贝瑞夫妇开始深入研究《世界卫生组织基本药物标准清单》[14]，这份基本药物标准清单被各国政府所采用，其中包含了世界卫生组织认为对满足各国医疗系统基本需求至关重要的药物名录。政策制定者通常以此为基础来制定当地的基本药物清单，即使用该清单来确定公共采购药品的优先次序。虽然并非所有国家都会效仿世界卫生组织的做法，但低收入国家往往会这样做，因为它们依赖国际组织的资助，而国际组织又倾向于优先考虑世界卫生组织该清单上的药品。因此，贝瑞夫妇想借这阵"东风"。背靠大量的数据支持，

第一章　借东风

"可乐生命"与一个全球健康专家团队合作,申请将"联合包装"字样添加在该名录已收录的"口服补液盐和锌补充剂"治疗方案中,并取得了成功。

这个新想法所需的投入最少,因为利用世界卫生组织的建议来推动政府的采购决策,贝瑞夫妇便无须再说服政府提供这种联合疗法。[15] 尽管要现在就判断这种黑客思维式的变通方法对于治疗腹泻的全部影响还为时尚早,但这种正确的治疗方法极有可能为那些身处世界上极端贫穷国家的儿童带来巨大益处。

互惠关系

我们已经见证了借东风方法实现共生的例子,"可乐生命"的初衷是利用可口可乐将药品免费送到偏远地区的儿童手中。随着试验规模的逐步扩大,他们开始朝着一个更加互惠的方向努力,确保制药公司与当地经销商、批发商和零售商形成紧密联系,共同扫除获取药品的深层次障碍,同时确保各参与方都能从中获利。即便你所从事的事业并不像拯救儿童生命那样崇高,这种互惠关系也是可能存在的。让我们来看一个令人意想不到的例子:广告。

1. 本叔叔大米与 M&M's

广告行业中的借东风行为可以追溯到20世纪50年代,当时美国的电视广告单条可以长达一分钟。电视广告是一种能让产品信息高效触达价值不断增加、规模不断变大的消费群体的有效途径。整个20世纪50年代，美国拥有电视机的占比从9%增长到87%，而且这些家庭往往人数众多，也更年轻。[16]与没有电视的家庭相比，这些家庭还购买了电话和冰箱，并拥有更多的新汽车。[17]在短短两年内，电视广告的收入就从1951年的4 100万美元跃升至3.36亿美元。[18]

尽管广告行业呈现出如此繁荣的景象，但是美国广播电视协会等监管机构却并没有任其发展。为了减少广告混乱，防止电视台用大量商业广告挤压用户的正常观看时间，美国广播电视协会设计并实施了相关准则。该准则规定了一个标准间歇时段，即一个时长60秒的广告时间，而广播电视公司可以把每个60秒时段卖给赞助商。这一规则最初是为广播电台设计的，但随着电视行业的发展，60秒的时段对单个赞助商来说变得昂贵且低效。

根据美国广播电视协会的规定，标准间歇时段唯一有吸引力的方式是综合广告，即两个相关产品（如黄油和面包）一起做广告。这些广告共享故事和演员，同时宣传多种产品。然而，综合广告在品牌接受度方面的效果不尽如人意，因为它们没有为相关公司提供适应地域的灵活性。[19]如果一家公司在加利福尼亚和纽约销售面包，而另一家公司只在纽约销售黄油，那么这两家公司一起做广告则不具可行性。

1956年，本叔叔大米和M & M's（玛氏朱古力豆）开启了

第一章 借东风

所谓的借东风广告模式：两个或多个不相关产品的独立广告在同一个时间段内被连续插播。[20]这意味着一家公司向广播电视公司购买广告时段，而另一家公司在同一时间段插播广告，并与官方赞助商分摊费用。虽然这种黑客思维在监管机构中引起了争议，但赞助商并没有违反规定。通过借东风式的变通策略，赞助商成功绕过美国广播电视协会的监管障碍，使每一美元投入的产品曝光率最大化。借东风广告模式改变了营销策略，使得不同规模和行业的公司都能提高自己品牌的曝光率并扩大用户群。

赞助商深知，它们必须在单个产品的广告次数和单个信息的长度之间找到有效的平衡。它们观察到，电视广告曝光的频率胜过长度。如果消费者不能持续不断地看到一则广告，那么它们的产品很快就会被遗忘。此外，当时大多数家庭只有一台电视，所以广告必须能够吸引整个家庭。这些广告通过一个独特的销售视角和简洁的视觉展示来传达简单的主题。然后，它们使用循环模式将简单的口号与产品联系起来，如"M & M's 在你嘴里融化，而不是在你手里"[21]。因此，赞助商传达这些信息并不需要 60 秒。这种互惠变通式的黑客思维好处非常明显，在第一条本叔叔大米和 M & M's 广告播出十年后，网络电视上平均每周会出现 350 则借东风广告（占所有插播广告的 20%~25%）[22]。

经常采用借东风广告策略的公司包括高销量、低单价商品的制造商，如宝洁、百时美、通用磨坊和高露洁棕榄。同样，这种变通方式对小型企业也有好处。美国雅涛公司——一家成立于1955年的化妆品公司，在2010年被卖给联合利华时，市值增长到16亿美元。该公司在早期就是借东风广告的杰出捍卫者。它们认为，借东风广告能够帮助像它们这样无法独自负担整个60秒广告时段的小公司获得电视曝光率，并与大型企业竞争。[23]

2. 借云技术的东风

让我们快进到当前的超链接时代，我们的蓝光屏幕上似乎有无尽的内容。虽然美国传统电视广告的支出仍在增长，这要归功于奥运会、总统选举和超级碗等特殊活动，但是广播电视的收视率正在下滑。[24] 数字媒体已逐渐成为广告支出的主要参与者。当然，当收视率发生变化时，营销策略也会随之变化。

利用借东风式的黑客思维，各大公司创造性地应对了数字平台上内容创新速度的加快和渠道的增加。在互联网时代的早期，拥有互补产品的公司便利用彼此的在线媒体渠道相互宣传，以节省昂贵的广告费用。这些中小企业所面向的消费群体类似，但它们的产品，如咖啡和牛奶、西装和正装鞋之间并不存在竞争关系。

随着时间的推移，网络公司开始获得更多的数据，借东风的行为变得更加复杂并且具有针对性，它们不再以"买西装的美国商人"为代表，而是开始根据大众的网络搜索习惯，逐个锁定每一个潜在消费者。你或许已经注意到，当你在网站上

第一章 借东风

搜索某个商品却没有购买时，随后就会在不同的网站或社交媒体上看到相关商品的广告。这是在线平台惯用的一种互惠式的黑客思维。特定域的网络跟踪器会在你使用网络时识别你计算机的数据块，它限制了企业收集信息并向用户展示相关广告的可能性。然而，通过相互借东风，多个平台可以同步各自收集到的信息以绕过这些限制，向你投递海量的想买之物的信息。

共生关系

随着数字媒体广告的兴起，其他许多借东风的机会也成为可能，但并不是所有的机会都是互惠的或有共识的，其中一些是共生关系，这意味着一方受益，而另一方则没有受到任何影响。广告商往往非常乐于以共生的方式，利用时事但不造成伤害地借东风。但是如果不够小心，企业就有可能被卷入不良公关的旋涡。让我们来看看几个广告案例，其中一些给公司带来了成功，而另一些则把公司拖入了旋涡。

1. 奥利奥赢得超级碗

奥利奥在2013年被转发最多的一条推特，源于一起意外事件。在2013年超级碗比赛的第三场中，停电导致灯光熄灭了34分钟，在停电的10分钟内，奥利奥的社交媒体团队在推特上发布了一则广告，上面只有一块孤零零的奥利奥饼干，配上文案："停电？没问题，你仍然可以在黑暗中灌篮。"为了随时应对超级碗比赛期间发生的任何事情，拥有奥利奥品牌的跨国公司亿滋集团创立了一支由15人组成的社交媒体团队。负责为奥利奥处理比赛期间每日推文的数字营销机构负责人在接受《连线》杂志采访时表示："停电的时候没有人分心——什么都没发生。"[25] 在停电的情况下，许多人开始用手机打发时间，直到体育场恢复供电——这是消费者接受推特广告的绝佳时机。因此，如果在那34分钟里用推特搜索超级碗或类似的主题，你会发现奥利奥上了热搜，品牌曝光度大幅提高。奥利奥直接从借东风中受益，虽然超级碗没有从奥利奥的广告中获利，但也没有遭受损失。

2. 海绵宝宝大电影与《五十度灰》

海绵宝宝大电影《海绵出水》的推广者借鉴了另一个借东风的天才之举。派拉蒙影业的竞争对手环球影片公司准备推出一部备受成人观众关注的电影，在环球影片公司发布电影的前一周，派拉蒙影业出其不意地发布了《海绵出水》。你可能还记得《五十度灰》的预告海报：一个神秘人物站在高层办公室里，背对着镜头，标题是"格雷先生现在要见你"[26]。海绵宝宝大电影的营销团队模仿了克里斯钦·格雷的海报，但采用了包含海绵宝宝辨识度的剪影和标题——"方块先生现在要见你"。你可以想

第一章 借东风

象，那些看过《五十度灰》预告海报，被提醒要带着孩子去看《海绵出水》的父母，脸上会泛起怎样的玩味笑容。这一借东风策略使《海绵出水》从中受益，而《五十度灰》则毫发无损，因为这两部电影并未争夺相同的观众。

3. 百事可乐的公关失误

如果广告做得好，公司便能以很少的投资获得巨大的宣传效果。但是如果策略执行得不好，那么这些快速反应类的广告可能会适得其反，让公司显得很市侩，甚至让人感到绝望。当百事可乐在2017年试图搭上"黑人的命也是命"（Black Lives Matter）抗议浪潮时，这种情况便发生了。百事可乐在YouTube（美国一个视频网站）上的视频广告借用了该运动的影像，展示年轻抗议者在微笑、鼓掌、拥抱、击掌，并举着写有"加入对话"的标语。广告最精彩的一幕是白人女孩肯达尔·詹纳向一名警察递上一罐百事可乐，该警察欣然接受并露出赞赏的笑容，并引起抗议者的欢呼。[27]

百事可乐公司试图以一种互惠的方式搭上该事件的顺风车，希望在不影响抗议活动的情况下获得关注。然而，这段视频却严重偏离目标，甚至被直接谴责为淡化警察实施暴力的危险性，极度弱化抗议者的挫败感，并自私地企图利用反对警察杀害黑人的运动获利。活动人士指出，百事可乐所描绘的与他们亲身经历的警察暴行截然不同，他们的一些评论被疯传。马丁·路德·金牧师的女儿伯尼斯·金在推特上发布了一张她父亲被警察推倒的照片，并配文："如果爸爸知道#百事可乐的力量就好了。"民权活动家德雷·麦克森是"黑人的命也是命"运动的主要声援者之一，他在推特上说："如果我带着百事可乐，我想我永远不会被逮捕。谁知道呢。"

百事可乐希望借此提升品牌影响力，却引发了社交媒体上大量的负面评论和抵制活动，损害了公司声誉。百事可乐并不是第一家由于缺乏道德判断，而误判共生关系影响的公司。百事可乐本可以从 AA 美国服饰 2012 年"桑迪飓风特卖"广告产生的消极影响中吸取教训，因为这则广告对灾难漠不关心。AA 美国服饰发出了一封电子邮件，强调其将为被 2012 年大西洋飓风季节中最致命、最具破坏性的飓风"桑迪"袭击的地区提供 20% 的折扣，"以防你在飓风中感到无聊"。这场飓风造成了 8 个国家的 233 人死亡，并带来近 700 亿美元的损失。[28]

AA 美国服饰试图利用飓风引起媒体的关注，但它的邮件给人的感觉却充满不堪和投机的意味，就像它试图利用一场国家危机来获利一样。

与时事共鸣，以便借其力获得宣传，或许是一个很好的策略，它能够给人带来活力与共情，但它也有风险。虽然这些公司的借东风广告被设计成与时事具有共生关系，但观众认为它是寄生的，因为这类广告伤害了那些受事件影响的人。所以，在实施共生变通方案之前，得先问问自己：别人会怎么看待它。

第一章　借东风

寄生关系

借东风式的干预也可能被巧妙地设计成某种寄生关系。其中一些寄生式借东风，如恶意软件，惯用于网络犯罪，试图通过在合法软件上以寄生方式进行伪装，从而侵入用户的系统。同样，网络钓鱼邮件也会利用一个有信誉的组织，如政府机构或企业，试图获取用户名、密码或信用卡信息等个人数据。与此相反的是，并不是所有的寄生式借东风都会受到谴责，这同样需要我们深入研究。

爱彼迎实施了一种变革性的寄生营销技术，虽然从道德角度来看其中存在争议，但事实证明，这种技术帮助这家初创企业的用户基数成倍增长。

2017年，爱彼迎的房源数量已经超过了全球前五大酒店的总和。对于一家成立于2008年8月的初创企业来说，这是一个惊人的成就。成立初期，爱彼迎的两名设计师只有三个气垫床，并用它们在旧金山的阁楼提供住宿。他们继而创建了一个平台，将有房可出租的人与想要住宿的潜在用户联系起来。这家初创企业的创始人知道他们提供的服务很有前景，但因为资金紧张，他们需要低成本地开拓自己的市场。

当时由于缺乏预算，采用传统的广告付费式营销是行不通的，所以爱彼迎的创始人采用了一种灵活变通的办法。他们的目标受众是那些需要住宿但不想住酒店的人，恰好他们都在使用克雷格列表网站，虽然该网站已有庞大的用户群，但用户体验感不佳。

爱彼迎的增长拐点发生在2010—2011年，从那时起爱彼迎开始在竞争对手的平台上寄生，并挖走克雷格列表网站的用户。每当爱彼迎房东创建新房源时，爱彼迎就会向他们发送一封附有链接的电子邮件，使该用户可以自动在克雷格列表网站上交叉发布同一房源的信息。爱彼迎向房东说明了这一做法的合理性，即增加曝光率会带来更高的收入。当有人在克雷格列表网站上浏览并发现来自爱彼迎的房源时，点击链接将会使他们转移到爱彼迎的平台上。这样便带来了免费的网站流量和新的注册用户，包括新房源和潜在房客。

爱彼迎的服务很好：它为房源提供专业的摄影服务、更多的用户友好型体验，以及个性化的广告。最终，有住宿需求的用户可以直接访问爱彼迎网站，而忽略克雷格列表网站。爱彼迎很快因此获得了克雷格列表网站的部分市场份额。

这种整合提供了网站流量，并提高了公司的用户基数，爱彼迎称，其还向使用克雷格列表网站的潜在用户发送了电子邮件，鼓励他们尝试爱彼迎。在邮件中称那些在克雷格列表网站上发布度假房源信息的房东，在爱彼迎上发布房源亦十分容易，并且他们的房源信息会被自动交叉发布到克雷格列表网站上。当克雷格列表网站最终注意到，并禁用爱彼迎的交叉发布时，才发现这个后起之秀已经超越了自己。[29] 爱彼迎在没有投放任何广告的情况下，就实现了发展。数十万人通过这种巧妙的寄生战术发现了爱彼迎这个新秀，也使其变成了后来的硅谷传奇。

第一章 借东风

如何借东风

正如借东风式的黑客思维可以利用不同类型的关系，它们也可以为不同的目的服务：被用来改善当前的实践，使现有服务多样化、扩大化，或者创造全新的发展途径。接下来，我们将探讨使用这些方法的案例，让你了解如何通过寻找未开发和未充分利用的关联性来获益。

1. 改进当前的做法

让我们从一个基本问题开始：借东风效应如何建立在当前的实践之上？你可能听说过微量元素缺乏症，它也被称为"潜在缺乏"，它会在没有迹象或症状的状况下损害人们的智力和身体发育，并且可以影响所有人群。然而，鲜为人知的是，解决这一问题的一个常见办法是借用人们经常吃的食物。

微量元素的缺乏会对健康、教育、生产力、寿命和总体幸福感造成长期影响，在经济脆弱的家庭中最为普遍，后果也最为严重。除财富外的其他因素，包括地域、食物稀缺性与可得性、食物教育和饮食文化，也会对微量元素缺乏的程度产生影响。

要想改变所有影响饮食和健康的因素可能会让人觉得任务艰巨。饮食习惯很难改变，即便是从挽救生命的角度，大规模、快速地改变饮食习惯也很难。全球约 9% 的人口长期营养不良，22% 的儿童因营养不良而发育迟缓，还有约 20 亿人超重或肥胖。[30]营养不良是一个严重的问题，我们需要迅速对其采取行动。

那么，我们为什么不把营养物质附加到人们现有的饮食模式上，从而绕过这些障碍呢？

食品营养强化过程就包括在人们已经习惯的食物中添加微量元素。这种借东风策略之所以成功，是因为它快速、划算，且不需要对个人的饮食习惯和食品行业进行大规模、系统性的改变。这种做法并不新鲜。例如，缺碘就是一个严重的健康问题。根据世界卫生组织的数据[31]，1994—2006年，碘缺乏影响了全球约30%的人口，约7.4亿人患有甲状腺肿[32]，这是一种通常由慢性碘缺乏引起的甲状腺肿胀疾病。

在微量元素的间接干预措施出现之前，美国有大量的人口患有甲状腺肿疾病。1924年，碘盐首次被引入密歇根州，不久之后，碘盐在全美其他地区上市。[33]由于碘盐发挥的作用，甲状腺肿的发病率迅速下降，到20世纪30年代，由缺碘引起的甲状腺肿问题实际上已经从国家医疗健康问题中被删除。[34]

随着加碘举措取得了成功，碘化做法受到欢迎，并被大多数国家采用。据联合国儿童基金会统计，截至2021年，全球已有超过60亿人食用碘盐（约占世界总人口的89%）。[35]南美洲的许多国家政府在鼓励谷物强化方面的举措积极有效，并在大规模落实干预项目方面成为典范。20世纪90年代，智利强制要求在小麦粉中添加叶酸。该法令实施后，该国在孕早期发生神经管缺陷的概率下降了40%。当前人们的饮食习惯在通过实施借东风式的改进后，影响健康的并发症变得越来越少。[36]

第一章 借东风

有时,当目标人群有不同的饮食习惯,或只有特定人群受到营养不良的影响(如儿童、老年人或孕妇)时,最好选择多种食物载体或为特定的目标人群量身定制解决方案。许多项目尝试通过在特定环境下以分发食物的方式解决问题,例如,通过在学校供餐,解决在儿童中较为普遍发生的疾病。这些有针对性的计划十分有效,因为食品营养强化可以锁定特定人群的需求,为体重相似的人群添加所需的营养物质。例如,在印度进行的一项随机试验显示,在学校膳食中添加铁元素可以使5~9岁儿童的贫血率降低超过50%。[37]

政策制定者是实施微量元素强化计划的关键参与者。通过法律体系,公共机构可以强制食品制造商采取措施。例如,世界卫生组织有一套实施食品营养强化计划的指导方针,这些方针在很大程度上得到了儿科医生和全球卫生专家的支持。[38]根据全球营养改善联盟的数据,目前有超过100个国家制订了全国性的碘盐计划,有86个国家规定至少要添加铁和/或叶酸中的一种在谷物之中。该联盟建议,其他国家也可以从新的食品营养强化计划中受益。[39]

但政府并不是唯一有兴趣利用这种黑客思维的参与者。想想那些即食的早餐麦片,商家的宣传声称其含有儿童所需的多种维生素和矿物质。这样的做法引发了争议。批评人士称,这些公司在高糖、易成瘾的高度加工食品中添加微量元素,却宣称其为健康食品。无论它们的做法是否合乎道德,其影响都是显著的。2010年的一项研究显示,如果没有强化即食谷物,在美国

2～18岁的群体中，铁摄入量低于建议值的人将增加163%。[40]

许多食品制造商已经开始主动强化自己的产品，以增加其营养价值并提高产品吸引力。例如，2009年，雀巢开始实施强化战略，截至2017年，雀巢旗下约有83%的品牌实施了强化战略，至少有助于解决世界卫生组织定义的"四大"微量元素（铁、碘、锌和维生素A）缺乏症中的一种。[41]尽管存在争议，但这种借东风策略为世界上一些极为脆弱的人群提供了急需的营养，他们无法等到复杂问题被彻底解决。对于雀巢这样的食品公司而言，这一策略不仅在现有产品组合的基础上增加了销售额，同时也解决了迫在眉睫的社会问题。

2. 丰富和扩展现有服务

食品营养强化计划等借东风式的干预，是对现有流程进行改进；其他借东风式的干预，则是利用看似互不相关的行业资源，使企业有机会丰富其商业模式，并创造新的收入来源。

英国跨国电信巨头沃达丰和肯尼亚移动网络运营商萨法利通信公司在2007年推出的肯尼亚转账服务就是一个典型案例。它支持人们在手机上储存资金，并通过短信将资金转给其他用户。该转账服务一经推出，就成功绕过了传统银行昂贵的基础设施，为没有银行账户的群体提供了有效的金融服务。

肯尼亚转账服务的故事广泛流传于世界各地的商学院，它是企业可持续发展和创新的成功案例，也示范了企业在从服务

第一章 借东风

多样化和扩张中获利的同时,如何满足弱势群体的需求、创造积极的社会影响。[42] 但人们对这个故事的描述忽略了其中最引人入胜的部分:肯尼亚转账服务的实现无处不充斥着变通。

肯尼亚转账服务的创始人尼克·休斯,是沃达丰负责企业社会责任的高管,该公司拥有萨法利通信公司40%的股份。它对小额信贷业务非常感兴趣,认为小额信贷是有望解决贫困和社会向上流动障碍的方法之一。

致力于国际发展的社会企业家和组织越发相信,助力中小企业获得金融服务,可以创造财富和就业机会,并刺激贸易发展。休斯认为,电信也可以在小额信贷方面发挥重要作用,特别是在肯尼亚这样的地方,那里只有不到20%的人拥有银行账户,但拥有手机的人却很多。

他并没有指望传统的银行体系,而是构思了通过双赢方式绕过传统体系的方法。他想创造一种使小额信贷的借款人能够利用萨法利通信公司在肯尼亚的通信营销网络,便捷地接收或偿还贷款的服务。这个新项目能够使用户以更低的利率获得更多的贷款。

为了实现这个想法,休斯必须克服的第一个障碍是沃达丰为什么要支持这样一个项目。金融服务并不是沃达丰的核心业务,这与构成该公司收入来源的语音和数据服务几乎没有任何关系,而且在该公司看来,肯尼亚只是一个相对较小的市场。

休斯必须让沃达丰的股东相信,这条冒险的路线值得投资。这将是一个难"啃"的营销项目。但如果公司用的是其他人的资金呢？于是休斯想到了政府基金。

时机已然成熟。21世纪初，国家、非营利性组织和政府间机构已经意识到，如果没有私人部门的参与，就无法实现社会和环境目标。许多机构开始积极与私人部门合作，以实现雄心勃勃的可持续发展目标。来自英国国际发展部的挑战基金就是典型的合作案例。英国国际发展部为私人部门项目提供了大约2 000万美元的资金，这些项目将增加新兴经济体获得金融服务的机会。[43] 政府资金将被按比例授予，沃达丰的那一半成本可以人力资源等非金融资产的形式投入。有了英国国际发展部的资金，休斯找到了一种绕过内部投资障碍的方法。通过外包金融风险，休斯避开了内部的资本竞争，从而得以推进这一高风险计划。他利用看似无关行业的资源，实现了对沃达丰现有服务的多元化和扩张。

在获得拨款并得到自己公司和萨法利通信公司的支持后，休斯启动了一个试点项目，将自己的想法付诸实践。2005年，休斯与合作者和一家肯尼亚小额信贷机构以及一家商业银行进行合作。这个试点项目持续了近两年，休斯团队意识到，沃达丰认为自己年轻且发展迅速，而银行古老、传统且响应速度慢。那么，休斯的上级为什么要同意与银行这样的伙伴合作为一个相对较小的市场提供金融服务，解决的还是公司的非核心业务问题呢？

休斯团队意识到，这个项目并不一定需要金融机构存在，因此，他们并没有将投资用于嫁接这两种不同的商业模式。金

第一章 借东风

融合作伙伴反倒给用户实际需要的简单服务增加了不必要的复杂性。

有一条更简单、有效且完全不用依赖金融机构的路可走。在试点中，休斯团队注意到，用户往电子钱包里储存的钱比所需的贷款要多。在评估试点数据和观察用户行为后，休斯团队发现，这项服务的替代用途对用户而言比获得信贷更重要。例如，用于储蓄或给他人转账。这些发现并不新鲜：几年前，研究人员就曾发现，在博茨瓦纳、加纳和乌干达，没有银行账户的人会利用手机上的通信网络办理汇款。

休斯团队的试点表明，肯尼亚的核心挑战不是他们最初认为的资金短缺，而是资金的转移支付。因此，该团队将平台上的小额信贷业务剥离，并将该服务作为一项简单的转账服务推出。

因此，与一些试点伙伴的合作便失去了必要性，但休斯的目标从一开始就是为沃达丰、萨法利通信公司和无银行账户的人创造利益。沃达丰和萨法利通信公司随后简化了该模式，仅提供基本的金融服务，借自己的平台和经销商网络的东风，将用户的现金变成电子现金（反之亦然），并通过用户的手机向其他用户进行电子转账。

这种借东风式的策略扫清了资金流动的关键障碍：

- 不稳定性。2005 年，非正规部门的人口约占总人口的 80%[44]，且全国 70% 的人生活在偏远地区[45]。因此，绝大多数人无法开设或管理银行账户。过去，现金转移是通过朋友或家人交付现金包裹，甚至通过当地的公共汽车或邮政投递来实现。当然，这些方式都不可靠、不安全，也不实用。

- 不可得性。即使在有金融机构运营的城市中心，也鲜有人能够使用官方的银行渠道。因此，肯尼亚80%以上的人口没有银行账户。[46]银行要从较少的交易和较高的加价中获利，便选择收取了高昂的费用，而这对弱势人群造成了极大的影响。

移动电话，如在当地一直流行的诺基亚手机，正变得无处不在，而且肯尼亚转账服务借了手机"即付即用"网络结构的东风，用户只需拥有一个电话号码并出示身份证，就可以绕开复杂的银行服务。在肯尼亚，人们只要办理了转账服务并拥有手机，无论距离多远，都可以轻松地将电子现金转移给其他没有银行账户的人。收款人可以将钱留在他们的手机电子钱包里用于支付，或在当地萨法利通信公司的通话网络经销商处兑现。

肯尼亚转账服务不仅实用，而且便宜。事实上，在转账服务推出之前，要在肯尼亚开设和维持一个银行账户每年至少需要123美元。[47]肯尼亚转账服务的用户不需要在账户中保留现金，也不需要为存取款支付任何费用，他们只需要在汇款时付费，即使如此，费用也远远低于传统银行。

由于可以绕过这些障碍，肯尼亚转账服务很快就取得了成功，甚至比休斯预期的还要快。在推出后的短短两年内，萨法

第一章 借东风

利通信公司就在肯尼亚拥有了 860 万个转账服务注册用户,每月的交易量超过 3.28 亿美元。[48]

除了为沃达丰、萨法利通信和其他公司创造收益,肯尼亚转账服务还促进了社会经济发展。据估计,肯尼亚转账服务在推出近十年后,不仅提高了当地的人均消费水平,使 19.4 万个家庭摆脱了贫困,而且这一业务在肯尼亚的成功也促使该业务扩展到其他低收入和中等收入国家,如阿富汗、坦桑尼亚、莫桑比克、刚果民主共和国、莱索托、加纳、埃及和南非。肯尼亚转账服务是展示借东风式的黑客思维创新商业模式的典范,这种方法可以让一个组织从看似不相关的联系中获益,而这种联系又可以被复制并适用于不同的情景。[49]

3. 创造全新的业务

正如我们从"可乐生命"案例中所了解的那样,当使用借东风策略时,人们可以用全新的、创造性的方式回应需求,但这种方法并不限于非营利性部门。许多初创企业已经探索出了颠覆性的方式,使用了借东风式的黑客思维与部门内的既得利益者竞争,并且获得了巨大收益。

TransferWise 如今是一家价值数十亿美元的公司,专门从事跨境汇款业务,作为其忠实用户的我偶然看到 BBC 对其创始人之一克里斯托·凯尔曼的介绍,能了解到这位企业家的情况令我很兴奋。他是爱沙尼亚人,2008 年,28 岁的凯尔曼在伦敦担任顾问。他当时收到了一笔1万英镑（约1.42万美元）的圣诞奖金，决定将这笔钱转到爱沙尼亚以享受该国的高利率回报。根据他在谷歌搜索的汇率计算，他以为自己向英国银行支付的国际转账费用应该为15英镑（约20美元），然后他把钱汇了出去。但令他惊讶的是，实际到账的金额比他预期的少了500英镑（约710美元）。在深入了解情况后他才发现自己曾愚蠢地认为英国银行会用实际汇率进行计算，然而他不知道的是，银行的手续费也很高。[50]

在国外生活过的人都能够感同身受。只要有可能，我们便会想办法绕过这些隐形费用，我们通常会寻找信任的、需要将等值金额反向汇款的人。凯尔曼起初与他的朋友塔维特·欣里库斯交换英镑和爱沙尼亚克朗：凯尔曼将英镑转到欣里库斯在英国的账户，而欣里库斯则将等值的爱沙尼亚克朗转到凯尔曼在爱沙尼亚的账户。他们使用官方汇率，节省了银行收取的手续费和其他隐藏的费用。他们很快就建立了一个在英国有人际关系的爱沙尼亚友人网络群，这些人与凯尔曼和欣里库斯一样，都有转账需求，并且可以通过借东风策略从中受益。[51]

问题是这个变通方案的规模非常有限：你很难找到一个信任的人，在你转账的同时反向兑换货币的对方能够转回同等金额的钱。这时，凯尔曼和欣里库斯意识到他们可以以此谋生。毕竟，在我们这个全球化的世界里，国际汇款是一个巨大且不断增长的市场。于是在2011年，他们创立了TransferWise，按照真实汇率结算，没有隐藏的费用，并且每笔交易只收取0.5%

第一章 借东风

的佣金。[52]

该平台是在点对点的基础上运作的,所以大部分的资金实际上并没有跨境。就像凯尔曼和欣里库斯交换爱沙尼亚克朗和英镑时那样,通过平台将想要兑换和反向兑换货币的人配对,汇款的人数以百万计且均来自不同的国家。由于平台拥有庞大的用户网络和分散在世界各地的不同货币储备,它们可以在更大范围内更高效地运作。

这种变通方式在金融业威胁到了一个由大型参与者形成的巨大市场。2017年,一份内部备忘录从全球规模巨大的银行之一桑坦德银行流出并泄露给了《卫报财经》,该备忘录指出国际转账汇款创造了该银行约10%的利润。这份备忘录引发了争议,它揭示了传统银行在海外汇款业务上对消费者的过度收费,以及在向消费者披露隐藏费用问题上有多不透明。用欣里库斯的话来说:"这是对消费者的大规模欺诈,但桑坦德银行的文件并没有让我感到惊讶。令我惊讶的是,它们居然能逍遥法外这么久。其中存在一个重要的问题,即通过将手续费算进汇率,在定期向海外汇款的消费者中,有3/4的人无法计算出最终的成本。在英国,消费者和企业每年因汇率加价而损失了56亿英镑(约77亿美元)。"[53]

创立TransferWise对银行而言是一个巧妙的变通。注意,它不是一家银行,而是被设计成一个可扩展的点对点平台,从而绕开商业银行进行国际转账。为了规避法律方面的问题,它获得了英国金融行为监管局的许可和执照,但实际上它并没有提供银行服务。它借助了世界各地银行现有结构的东风，该平台及其用户都使用各自的银行进行本地交易。通过免费或廉价的本地汇款和全球促进交易，TransferWise 使其用户能够绕过大型商业银行收取的高昂国际汇款费用，并拦截了商业银行在国际汇款方面的大量业务。通过借东风式的黑客思维，TransferWise 创造了一种全新的商业模式。

TransferWise 向其用户提供的国际转账服务的价格大概只有银行的 1/8，这向银行业发起了挑战。借东风式的黑客思维为挑战跨境金融交易现状的创新业务开辟了道路。TransferWise 的创始人是从一个小小的变通方案（朋友之间交换货币）开始的，这鼓励他们利用面对情况类似，但分散在不同国家的人的网络来做更大的事。这家公司的吸引力如此巨大，以至于获得了维珍集团理查德·布兰森（同时也是银行老板）和贝宝联合创始人马克斯·莱夫钦等巨头的投资。该平台自创建起近十年来，每天为用户节省的银行跨境汇款手续费超过 410 万美元。[54] 2020 年，TransferWise 的市值超过 50 亿美元[55]，2021 年，该公司将其金融服务业务扩展到汇款以外，并更名为 Wise。

何时借东风

正如我们在前面案例中所看到的，借东风是一种黑客思维，它利用了现有的关系，包括社会关系、商业关系、技术关系或其他关系。处于权力边缘的好胜组织往往在发现非常规关联方

第一章 借东风

面具有优势。管理人员、政策制定者和其他"局内人"倾向于采用他们认为应该使用的方法去审视他们所代表的系统,但却无法观察到不同的部件如何被拆解、重组并为其所用的过程。

本章中的借东风式的黑客思维,比如利用可口可乐来配送腹泻治疗药物,并非微不足道,但类似的机会常常被忽视。"可乐生命"是借东风的一个典范,因为它不仅体现了对产品的"借东风",而且体现了最有利于借东风式的思维方式:事事皆有可能。即使在最偏远的地区,也有相关联系的存在。你面临的挑战是如何识别这些关联并加以利用。

在当下各自为政的结构中,有许多被遗漏的价值。在解决自己面临的挑战时,我建议你首先识别并寻求共存的非传统关系,无论它们是互惠的、共生的还是寄生的关系:在竖井之间而不是在井底进行观察,并考虑如何利用他人的成功为自己争取利益。换句话说,做一条虾虎鱼、一条鲫鱼,或者一条蛔虫,横向思考什么可以为你所用,以及谁可以为你所用。

第二章

找漏洞

我有一位在巴西做管家的朋友通过找到一个漏洞，让自己摆脱了大麻烦。乔安娜（化名）仅靠一份赚取最低工资的工作来保障生活，最近她的积蓄都用来买房子了。在丈夫中风后，她的信用卡债务开始堆积。因为丈夫无法工作，夫妻俩只能依靠她一个人的收入生活，而她的丈夫还得定期使用某种特殊药物。

在巴西，公共医疗体系应该为所有人提供免费服务。但治疗慢性疾病的药物并不总是被囊括其中，有时候人们还会因为信息不对称而被骗，为国家实际上已经免费提供的药物支付费用。乔安娜迫于维持丈夫生命的压力，匆匆忙忙地购买了药品，以为自己可以分期偿还药费，但她不知道的是银行每个月要收取大约20%的利息。

复利非常狡诈，对于低收入人群和那些压根儿就不清楚复利可能带来多大麻烦的人来说尤其危险。在第一个月，相对于收入而言，所欠的债务可能不算太糟，但如果不能及时还清债务，利息就会累计起来，转眼间债务就会超过偿还能力。当她打电话给我时，她的债务已经超过其信用卡消费金额的80倍。当时，这些债务已经相当于她的房产价值。

当年，巴西信用卡债务的平均年化利率是323%。[1]像我朋友这样收入很低、抵押物很少的人，需要支付的利率高达875%。[2]当她因购买药品而负债累累时，巴西的通货膨胀率为6%，而且近20年来从未出现过如此高的恶性通货膨胀。即使与其他中低收入地区相比，323%的平均利率也非常不可思议，更不要说875%的利率了。事实上，拉丁美洲地区当年利率第二高的国家是秘鲁，其平均利率也仅为55%。[3]据《汉谟拉比法典》记载，即便是公元前1755—前1750年的古巴比伦，也仅规定贷款人不能对谷物贷款收取超过33.3%的年化利率，不能对白银贷款收取超过20%的年化利率。[4]那么，是什么造就了这些超现实的数字呢？我唯一能想到的不幸的答案是，这是对穷人的"合法"敲诈。

我的朋友在付药费时并不知道这一点。她从未想过，为维持丈夫生命所需的一切会变成一场噩梦。她越想攒钱还债，债务就越像雪球一样越滚越大。当她意识到自己已无力偿还债务，并试图重新谈判，向银行提出是否可以偿还五倍于信用卡消费金额的钱时，银行并没有接受她的提议，相反，银行开始发信息恐吓她，提醒她这笔债务从长远来看可能会带来毁灭性的影响。

在她的故事里，最让我恼火的是法律站在银行那边。银行

第二章　找漏洞

虽然在技术上是正确的,但是这如何能被接受呢?

当我的朋友讲述她的故事时,我总觉得这是现代版的莎士比亚剧作《威尼斯商人》。剧中的安东尼奥为他的朋友巴萨尼奥向放贷人夏洛克借了3 000金币,巴萨尼奥打算去贝尔蒙特与富有的女继承人波西亚结婚。合同规定,如果不能在规定的期限内还钱,夏洛克可以割下安东尼奥的一磅[①]肉。出乎意料的是,当安东尼奥无法偿还债务时,夏洛克便将他告上了法庭。安东尼奥求饶,提出可以向夏洛克支付双倍的逾期款,但夏洛克声称自己代表法律,坚决拒绝了安东尼奥的提议。

毕竟,夏洛克在技术上是正确的,所以合同无法作废。法律站在了夏洛克那边,就像听起来那样残忍,他直奔血肉而去。但随后波西亚女扮男装拯救了安东尼奥。在审判中,她重新修订了合同措辞的释义,声称合同允许夏洛克割下安东尼奥一磅肉,但只能割下一磅,不能多也不能少,而且在这个过程中不能流一滴血。波西亚的变通是聪明且有效的,她并没有直接将合同的残酷性作为废除它的理由;相反,她使实施环节变得不可执行。[5]

让我朋友烦恼的银行就像夏洛克一样僵化,但技术上却并无问题。我知道她的合同不能作废,那么有没有什么变通的办法可以让它失效呢?

当我和朋友去咨询法律顾问时,律师说银行懂得如何更好

---

① 1磅约合0.454千克。——编者注

地制定合同，以避免出现像波西亚那样的措辞反转。但还有一种方法可以绕过合同。

巴西的法律规定债务应在五年后到期。与此同时，银行可以把我的朋友告上法庭，用现代的方式"割肉"，而这将夺走她所有的财产。唯一的例外是她的房子，因为法律将其解释为债务人无法剥离的唯一资产。也就是说如果她没有"肉"可以让银行割呢？

以下是她的变通方案。她把房子保留在自己名下，并把剩余不多的财产捐赠给了自己的儿子。由于她的工作是非正式的，且要求雇主支付现金，因此，她的月收入无法被没收。在债务到期之前，她不能以自己的名义购买任何东西，也不能用自己的账户享受任何金融服务。幸运的是，她的亲属可以替她做这些事。她的儿子开通了一个银行账户，供她实际使用。麻烦吗？是的，但与她继续使用自己的银行账户所造成的损失相比，这已经非常微不足道了。

第五年年初，银行得知自己最终可能将一无所获，便打来电话提出和解，即让她支付信用卡欠款金额五倍的钱。这个和解方案听起来似乎很划算，当时她的债务大约已是其信用卡消费金额的9 100倍。但是情况已经发生了逆转。对她来说还有更好的出路。她知道自己的生活不出几个月就会恢复正常。

最后，她不仅摆脱了大麻烦，甚至可以不用偿还因丈夫欠下的医药费。她应该忏悔吗？应该也不应该。这样做在技术上正确吗？是的，就像试图"合法"敲诈那家银行一样。

第二章 找漏洞

找漏洞式的黑客思维

我们通常认为，漏洞本质上是有利于权贵的负面产物。大多数人可能听说过，世界上最富有的1%的人用来避税的伎俩，比如，把财富藏在开曼群岛这样的避税天堂，这个国家离岸公司的数量比人口还多[6]。然而，容易被忽视的是，漏洞也可以为我们这些既不富有也不出名的人所用。

当存在有失公平的规则，或者规则对实现目标造成障碍时，无论这些规则是正式的还是非正式的，找漏洞式的黑客思维都格外有用，要么利用规则的模糊性，要么在不完全适用的情况下采用一种非传统的方法。在这一章中，我们将深入研究这些好胜组织和活跃个体的故事，他们以巨大的创造力找到了反抗不利现状的方法。从他们身上，我们将了解到只要有一定的创造力，并且密切审视规则说了什么、没说什么，就能从规则的不足之处获益或者规避规则。

利用模糊性

当想要寻找规则中的漏洞时，我们自然会想到律师。在一些电影、电视剧和小说中，有些律师擅长利用法律的模糊边界。

在一些案件中，即使律师处于道德的模糊领域，他们所采用的方法也是"技术上正确"的，即遵守法律并巧妙地为客户利用了法律的模糊之处。事实上，各种漏洞都是在模糊不清的地方做文章或利用一套规则来规避另一套规则。虽然这样并不总能解决更为宏大的社会问题，但其确实能满足客户眼下最迫切的需求。

有时，社会的不公平确实需要予以纠正，因为技术或法律正确并不总是意味着道德正确。找到正确的漏洞对个体和组织都有帮助。阿图尔·埃韦特是一名德国共产党员，于20世纪30年代来到巴西，领导了反对热图利奥·瓦加斯独裁统治的政变活动。在起义失败后，埃韦特被逮捕，在逼仄的牢房里被关押了两年多，多次遭受各种可怕的酷刑。[7]

埃韦特被捕比《世界人权宣言》的发表早了13年。当时不仅不存在掩盖酷刑的理由，而且该政权甚至想让异己者知晓埃韦特的遭遇，希望以此为恐吓，迫使他们屈服。

人们虽然知道发生了什么，但根据当时的巴西法律，这在技术上并不存在任何问题。但是，当律师苏布拉尔·平托同意担任埃韦特的辩护人时，他想出了一个主意，即利用埃韦特被捕前一年制定的第24.645号与动物保护有关的法案进行辩护[8]。该法案规定，生活在国内的所有动物都应受到国家的保护，任何私自或公开虐待动物的人都会被罚款并逮捕。例如，该法案禁止将动物圈养在不卫生的地方，禁止以剥夺空气、休息、空间和光线的方式伤害它们。[9]

为了利用这个漏洞，苏布拉尔·平托提交了一份请愿书，声称根据第24.645号法案，埃韦特的身体也应受到国家保护。他描述了埃韦特所处的境遇如何明显地构成了违法，并将他的监禁状况与该法案禁止农场和屠宰场虐待动物的情形进行了比较。他甚至援引了一个法官的审判先例，该法官曾判处一个暴力殴打马匹致死的人入狱。

苏布拉尔·平托的请愿书不仅利用了这一法律漏洞，还暴露了独裁政权的不一致性。他将监狱中的酷刑与农场、屠宰场的动物遭遇联系起来，引发了公众的愤怒。人们在意识到该政权对马匹比对人类更为优待后，展开了广泛的声讨。因为这个漏洞，埃韦特被转移到了一个更为人道的牢房中。据称，总统希望遏制一切涉及政府的负面评论，并要求将其转移。除了改善埃韦特的生存状况，这份请愿书还引发了公众骚动，并促使公众逐渐推动了该国的人权改革[10]。

即便独裁政权没有立即崩塌，埃韦特没有获得自由，他的状况也有所改善。虽然这个漏洞并不完美，但是苏布拉尔·平托探寻到了可能的变通方案。通过对所面临的棘手问题采用找漏洞式的黑客思维，我们可以探索出一条可行的路径，解决眼下最迫切的需求。

我们没有理由认为一次成功的干预就是法律大变革的独特开端或者是其全部巅峰。规则反映了我们的期望，但我们的期望会因学习、斗争和新的认知而改变。

婚姻自由

本书试图阐明这样一个概念：即便在如今，法律也可能不是完全公平的，我们应该运用能够避开法律弊端的黑客思维，这样就可以在逐步推动法律变革的同时处理人们的紧急需求。

在 16 世纪，罗马天主教会禁止英格兰国王亨利八世与阿拉贡的凯瑟琳离婚，同安妮·博林再婚。于是亨利八世与罗马教会断绝了关系，建立了自己的英格兰教会。这可能是一个君主能够实施的最佳解决方案，但大多数人没有同样的权力来对抗如此强大的机构。

事实上，亨利八世的问题延续了几个世纪。离婚，尤其是无过错离婚（即没有任何证据证明任何一方有错误行为）无法解除婚姻关系，在许多拥有大量基督教人口的司法管辖区内是一种常见的维护婚姻的法律工具。例如，马耳他在 2011 年才被允许离婚[11]，而智利在 2004 年[12]，爱尔兰在 1997 年[13]，阿根廷在 1987 年[14]，巴西在 1977 年[15]。美国各州关于解除婚姻关系的规定各不相同，1969 年，加利福尼亚州是最早允许无过错离婚的州[16]，最后一个是 2010 年的纽约州[17]。

在此之前，那些没有国王权力的普通人想要离婚只能诉诸寻找漏洞。我们将再次看到，没有权力改变规则的人是如何利用漏洞来获得他们的所需之物的。即使没有改变整个法律体系，找到漏洞也可以影响大众，直接造福大众，或者通过在类似情景下为新的变通方法提供灵感而间接造福大众。

1. 离婚漏洞

在 20 世纪，想要实现无过错离婚，最常见也最有效的方式

第二章 找漏洞

就是去国外离婚,然后在本国做离婚证书公证。这种方式之所以可行,有两个原因。一是,一些国家授予外国人合法的、行政上的无过错离婚。[18] 二是,大多数司法管辖区认可国外签署的离婚法律文书。[19]

在 20 世纪 40—60 年代,墨西哥成为美国人首选的离婚地点。[20] 墨西哥的快速离婚只需三个小时即可办结。在某些情况下,离婚证书也可以通过邮递的方式获得。[21] 1940—1960 年,仅美国就有大约 50 万对夫妇在墨西哥办理快速离婚。[22] 利用这一漏洞的名人包括:1964 年与艾迪·费舍离婚的伊丽莎白·泰勒[23],1961 年与阿瑟·米勒离婚的玛丽莲·梦露[24],以及 1942 年与查理·卓别林离婚的保利特·戈达德[25]。

许多夫妇同样利用类似的漏洞再婚。例如,1977 年之前,巴西人可以与配偶分开,但国家禁止其完全解除婚姻关系。其实际意义在于,即使双方不再共享住房和资产,国家也不允许他们再婚。[26] 但只要越过边境进入玻利维亚或乌拉圭[27],他们的"分离"就可以变成真正的"离婚",这些人随后便可自由地与他人再婚。在拿到新的结婚证后,他们可以回到巴西进行公证。有些人甚至选择了更为简单的方式:在墨西哥举行双重代理婚礼,世界各地的情侣无须离开自己的祖国就能结婚。婚礼可以由其他人代理,比如当地的律师,然后将结婚证寄给这对夫妇,这对夫妇只需要将证书在所在的国家进行公证,其中没有任何法律障碍。[28]

这些夫妻的案例,无论是历史的还是当代的[29],都提醒着我们不一定要成为发现漏洞的人才能从中受益，我们也可以从过去的漏洞中得到启发，并在当下找到类似的机会。

2. 同性伴侣的结婚漏洞

利用离婚漏洞的逻辑也可以帮助数百万被剥夺婚姻权利的同性伴侣（在 2021 年，全球有 164 个国家的同性伴侣可以合法结婚[30]）。2001 年，第一部同性婚姻合法化的立法在荷兰生效[31]，此后许多国家，特别是西欧和美洲国家，纷纷效仿荷兰[32]。

这些国家的立法变化为 21 世纪的同性伴侣创造了机会，他们重新利用了 20 世纪异性伴侣结婚使用的漏洞。例如，在以色列，人们可以很容易地找到为同性伴侣在葡萄牙等西欧国家提供结婚配套服务的婚礼策划人。[33] 尽管以色列给予同性伴侣和异性伴侣相同的养老金、继承权和医疗权，但不允许他们结婚，因为婚姻在该国被视为一种宗教制度。[34] 这不仅是对同性伴侣的束缚，也是对跨宗教的异性伴侣或任何不期待宗教婚姻人群的束缚。鉴于这个原因，成千上万的人在国外登记结婚，随后在以色列进行公证，其中不存在任何法律障碍。

尽管这对以色列的伴侣来说很有吸引力，但在其他国家，利用漏洞安排同性婚姻的风险可能要高得多，因为在有些国家，非异性恋关系本身就属于非法，可能会受到监禁甚至死亡的惩罚。但即使是在俄罗斯这样一个反对性少数群体（LGBTQIA：女同性恋者、男同性恋者、双性恋者、变性、疑性恋者、男女

第二章 找漏洞

同体、无性恋者）[35]，并将其视同犯罪的国家，也受到了一个漏洞的挑战。该国的法律规定，只要不是亲属之间的婚姻关系或是在俄罗斯已经登记结婚的人士，其在国外的婚姻就是合法的[36]，其中并没有提到同性婚姻会被取消资格。通过这个漏洞，一对在美国居住并结婚的俄罗斯同性伴侣将他们的材料寄给俄罗斯联邦税务局，以期获得结婚可享受的税费扣除，而该机构显然别无选择，只能批准这一请求并给予他们相应的福利。[37]

同性伴侣前往外国结婚的案例在俄罗斯[38]、波兰[39]、乌干达[40]、摩洛哥[41]和其他对性少数群体敌意高涨的国家仍不常见。我们很难获得相关数据，因为这些国家经常出现"这里没有同性恋者"的荒谬说法——这种说法显然是不真实的，但对于那些希望掩盖相关歧视的政权来说却是最简单的说辞。生活在这些国家的大多数同性伴侣要么害怕受到迫害，要么根本无法承担在国外结婚的费用。还有一个替代方案就是共同开设一家公司，将彼此变成"商业伙伴"。然后，利用居住国现有的法律政策，至少可以保障彼此分享资产、收入、投资和银行账户的权利，同时也可以避免受到关注。

这个漏洞当然并非最佳选择，但它解决了同性伴侣在世界上大多数国家所面临的一些问题。人们可以绕过阻碍他们前进的规则，而不必在艰巨而耗时的过程中缠斗，改变居住国的压迫性规则。他们可以成功地得到自己所盼之物，且比亨利八世省去了更多的麻烦。

公海上堕胎

虽然漏洞的影响可能是巨大的，但它们并非仅是法律功底深厚的专家才能找到的千载难逢的机会。直到我（通过一次非常幸运的电话推销）采访了荷兰医生丽贝卡·贡珀茨后，这也成为我研究的一部分，我意识到漏洞比我们通常认为的更容易找到，且更具影响力。

下面我们将了解如何绕过限制堕胎的法律。我们的重点放在：（1）法律限制上，而不涉及阻碍堕胎的其他问题（如财政、宗教障碍，以及基础设施缺位等）；（2）在堕胎违法的国家，人们所面临的具体健康风险；（3）安全的非手术堕胎，可在怀孕10～12周时使用药物堕胎。

1. 不安全的堕胎

当我试图了解不安全堕胎问题的严重性时，莱斯莉·里根夫人告诉我的第一件事就是："毫无疑问，堕胎禁令使女性付出了生命代价。"她是英国帝国理工学院的妇产科教授，世界著名的生殖健康专家之一，在2018年当选为国际妇产科联盟名誉秘书长。我们常犯的一个错误是，认为反堕胎法能够阻止堕胎，但相反，堕胎行为仍在发生，并且在以不安全的方式发生。

使用世界卫生组织建议的方法进行堕胎是安全的：可以使用堕胎药，也可以由具有必要医疗技能的人员进行外科手术，而这取决于怀孕的阶段。世界卫生组织对不安全堕胎的定义包括："较不安全"，即采用过时的手术方法或患者没有获得适当的信息和支持；"最不安全"，即患者在手术过程中摄入有害物质，或未经训练的人使用不安全的方法进行手术，如插入异物。[42]

世界卫生组织的数据显示，2015—2019 年，全球每年平均有 7 330 万人接受了人工流产手术，其中约 2 500 万人是在不安全的条件下接受手术的。[43]全世界每年约有 2.2 万人死于不安全堕胎相关的并发症，另有 200 万 ~ 700 万人罹患严重的健康问题，如败血症、子宫穿孔或其他内脏器官损伤。[44]此外，在平均每年进行的 6 000 万例堕胎中，根据世界卫生组织的定义，大约有 45% 是不安全的，且 97% 的不安全堕胎发生在低收入和中等收入国家，特别是东南亚、撒哈拉以南非洲和拉丁美洲地区。[45]

不安全堕胎是导致孕产妇死亡的主要原因，全世界约有 1/8 的死亡与怀孕有关。然而，只有 30% 的国家允许按照孕妇的意愿进行堕胎。[46]预防不安全堕胎的关键是改变反对堕胎国家的法律。然而，反对堕胎的法律反映了普遍存在且难以改变的道德、宗教和监管因素。是否有办法绕过这些法律，既能解决当前的紧迫问题，又能推动未来的结构性变革呢？

2. 驶向公海

20 世纪 90 年代中期，丽贝卡·贡珀茨博士自愿为绿色和平组织担任船医。她来自荷兰，在这个国家，孕妇可以基于需求获得安全的堕胎服务。但是，当她在反对堕胎的国家为该组织工作时，看到人们正在遭受街头堕胎失败的后果，而她们本可以通过药物进行安全堕胎。贡珀茨注意到了阻碍孕妇获得安全堕胎服务的法律限制，她询问绿色和平组织的船长："我们如何才能创造一个空间，让妇女按照自己的意愿终止妊娠？"船长的回应激起了她的行动，"如果你有一艘荷兰的船，你可以把妇女带上船，驶向公海，合法地帮助她们进行安全堕胎"[47]。其原因在于：当一艘船在公海行驶，并至少离岸 12 英里时，便可适用船只所属国的法律。[48]

贡珀茨原本就是一个行动派，这个回答更是如同催化剂。1999年，她成立了一个非营利性组织"浪之女"（Women on Waves）。该组织由一群活动家和志愿者组成，为居住在反对堕胎国家的妇女提供安全的堕胎服务。选择终止妊娠的妇女可以登上"浪之女"租用的荷兰船只，在专业卫生人员的陪同下驶向公海进行安全、合法的堕胎。

该组织利用的漏洞是：阻碍人们获得安全堕胎服务的不是她们的国籍，而是她们居住地的法律。在船上，"浪之女"为孕妇提供两种药物的组合：米非司酮和米索前列醇。自 2005 年以来，这两种药物都被列入《世界卫生组织基本药物标准清单》。这两种药物的组合使用成功率在 95%，可使成千上万的妇女免于不安全堕胎引发的死亡。[49] 事实上，只有五十万分之一的人死于这些药物的副作用。贡珀茨说："这比分娩安全得多，用于流产也同样安全。"

第二章　找漏洞

贡珀茨找到的另一个漏洞是船上的移动诊所，即一个内部装有治疗室的海运集装箱。如果船上没有诊所，荷兰政府就不会颁发医疗许可证。正如她告诉我的那样，"我们不需要一个完整的诊所来提供药物堕胎，但建造它是为了获得荷兰的医疗许可证"。这意味着贡珀茨和她的同事建造一个非必要的诊所，只是为了获得提供堕胎服务所需的许可证。

2001年，"浪之女"的第一次活动在爱尔兰共和国举行，当时爱尔兰是欧洲关于堕胎相关法律限制最严格的国家。在那次活动中，他们没有完成在船上提供堕胎服务的任务，因为他们那时还不知道必须有荷兰政府颁发的许可证方可行事。当"浪之女"被保守派和自由媒体描述为"堕胎船"时引发的争议使他们获得了全世界的关注。从那时起，该组织发起了几次成功的活动，志愿者航行到其他几个反对堕胎的国家，如波兰、葡萄牙、摩洛哥和厄瓜多尔，提供安全堕胎服务。

尽管这些活动遭到了反击，但贡珀茨说："没有比讣告更坏的消息……当人们战胜恐惧后，能做的远比自己想象的要多得多。"这就是为什么"浪之女"经常与反堕胎团体对立，公开采取激烈的、有争议的方式来提高人们的认知，并在当地动员开展支持堕胎的草根活动。例如，在厄瓜多尔，"浪之女"与基层团体合作，在圣母像上悬挂了一条横幅，上面用西班牙语写着"你的决定：安全堕胎"，后面还附有热线电话。这种宣传船上服务和吸引媒体关注的方式可以为基层人士所用，从而推动堕胎立法改革。

在葡萄牙，"浪之女"面临的反击出乎意料，甚至比在厄瓜多尔更加危险。在驶向葡萄牙海岸线时，堕胎船的船长被告知，当地政府已经派出两艘军舰，阻止他们进入该国水域。政府的行为明显违反了国际协议：葡萄牙政府不能拒绝船只的驶入，尤其是来自欧盟成员国的船只，这些船只有行动自由权。贡珀茨的一位同事为"浪之女"提供志愿服务，她告诉我："一开始我们非常生气，因为船只无法驶入，我们以为活动失败了。但在后来的某个时刻，我们突然意识到这是一件好事。我们被各地媒体报道，这甚至比堕胎船本身意义更重大。"

3. 从海浪到网络

在葡萄牙媒体报道之后，贡珀茨意识到可以利用另一个漏洞来绕过执法，即利用媒体传播"浪之女"的信息，并教育公众安全堕胎。在该组织获得关注后，贡珀茨参加了葡萄牙公共电视频道的一个节目，向当地人介绍如何自主使用米索前列醇来安全终止妊娠。"浪之女"还将这些说明上传到网站上，并与各种媒体分享。

贡珀茨的做法非常聪明，有两个原因。一是，葡萄牙的法律不允许她在国内提供堕胎服务，但没有任何法律规定她不能提供关于如何堕胎的知识。二是，虽然在葡萄牙米非司酮多用于医院且难以获得，但米索前列醇在大多数国家的药店里就可以买到，包括许多反对堕胎的国家。因为其可以治疗胃溃疡和

第二章　找漏洞

产后出血，终止妊娠是这种药物的副作用。它可以单独使用，也可以用于说明书以外的用途，从而安全诱发流产。在怀孕的前12周内服用该药品的成功率为94%。即使该药造成的副作用比预期严重或者疼痛过于剧烈，病人也可以去看医生并主诉流产，因为医生无法判断自然流产和米索前列醇诱发的流产的区别：它们的症状完全相同。

这是该组织发展的关键时刻，其发展势头可归功于对各种漏洞的利用。为了能够帮助更多的人，贡珀茨随后创建了一个姐妹组织——"网络女性"，帮助人们在没有安全合法选择的情况下学习相关知识并获得堕胎药物。在该网站上，希望终止妊娠的人需要先填写一个网络互动问卷，然后与非医疗志愿者进行沟通。调查问卷的结果决定了患者是否会被推荐给医生并进行在线咨询。如果有危险迹象，医生将在网上与患者交流，以确定患者是否（以及在什么情况下）可以进行安全堕胎；如果没有禁忌证，患者则可以在不与医生沟通的情况下收到堕胎药物，并附有使用说明。

如果不出意外，人们就会收到一个免费的包裹，其中包含米非司酮、米索前列醇和妊娠试剂，它们是通过快递或邮件被送达的。为了使药品顺利通过海关，包裹里配有荷兰医生的处方，而从荷兰邮寄药品并不违法。但是如果药品在海关被扣留，"网络女性"的志愿者就会告诉病人如何在居住地购买米索前列醇，以及如何在药物说明以外安全地使用它。

4. 绕开法律的好处

贡珀茨和同事在这两个组织中交替工作，根据不同的情况调整方法。这些组织的影响力令人印象深刻。2018年，当我与贡珀茨交谈时，"网络女性"团队每年回复超过10万封电子邮件，发送超过6 000个包裹，有约99%使用过该服务的人对她们得到的帮助表示非常满意。

此外，该组织不仅向有需要的人提供堕胎服务，而且其影响力更为广泛。例如，堕胎船航行到葡萄牙两年后，该国将堕胎合法化。在军方试图阻止"浪之女"号进入葡萄牙水域后，堕胎在葡萄牙成为热议话题。政策制定者和基层团体运动对政府的过度反应感到愤怒。用贡珀茨的话来说："我们知道，绕道（法律）实际上也是在促进法律变革……它催化了主流政治组织改变立场的可能性。"

通过适应和学习来寻找机会，贡珀茨制订了一系列计划，用以展示如何利用漏洞并产生影响。像"网络女性"这样的组织有很多值得学习的地方。正是由于它们缺乏资金和权力，无法改变整个规则体系，才促使它们以机智和非传统的方式处理问题，通过零敲碎打的干预措施，探索未知领域，找到一开始就无法想象的机会。贡珀茨没有法律学位，但她利用创新和创造力与国家和国际公约打交道；她并没有着手重塑关于堕胎的法律，而是利用漏洞将提供服务的简单使命转变成了更为宏大的事业。

作为一名找漏洞的策划者，贡珀茨现在已经具有丰富的经验，这是她随着时间推移而培养出来的能力，我们也可以培养这种能力。她不仅为我们做了很好的示范，告诉我们如何识别和培养找漏洞式的黑客思维；还向我们展示了，持续探索大量变通的方法（无论是短期还是长期）比谋划惊天动地的单一干预措施更为有益。

共享受保护信息的漏洞

找漏洞式的黑客思维可以声势浩大，就像贡珀茨所做的那样，也可以如耳语般悄无声息。例如，当政府向通信服务供应商索取用户数据时，许多科技公司亦可通过沉默发出警告。[50]"金丝雀安全声明"就是一种针对政府监控的变通应对方法，科技公司通过这种方法在问题出现之前便前瞻性地将问题解决了。

这一找漏洞式的黑客思维以金丝雀的名字命名，金丝雀被带下矿井原本是用于提醒工人一氧化碳和其他有毒气体的存在，如果金丝雀生病或死亡，工人就会意识到他们必须迅速离开。"金丝雀安全声明"也具有类似功能，即一家公司声明其未收到执法机构提供用户数据的秘密要求，而当公司声明被撤销且公司保持缄默时，我们可以假设该平台收到了传票。

1. 一只小鸟告诉我

通过"金丝雀安全声明"，科技公司让其用户了解了幕后事件，从而挫败了美国执法机构的保密要求。根据美国《爱国者法案》，执法机构可以通过法院下达禁言令传唤科技公司。在这种情况下，科技公司不仅会被迫提供用户数据，而且在法律上也被禁止向第三方披露它们已经收到传票的情况。科技公司厌恶国家安全信函：这些信函可以在没有法院命令的情况下发出，允许执法机构进行调查，且不受司法系统的干涉。有了这类法律工具，包括美国国家安全局、美国联邦调查局和美国中央情报局在内的机构达到了既监视目标又不被其发现的目的。[51]

政府监控与极客群体及其创立的科技公司所倡导的精神背道而驰。科技公司虽无力对抗法律，但它们可以利用漏洞绕道前进：根据美国关于言论自由的规定，这些公司可以声明"政府从未干涉过"，并在接到传票时删除这些声明。在公司接到传票之前，执法机构不能对公司进行审查。[52]

"金丝雀安全声明"是一种足够便捷且合法的方法，不仅为保护数据提供了余地，而且最终保护了用户隐私。奥多比（Adobe）、苹果（Apple）、媒介网（Medium）、拼趣（Pinterest）、红迪网（Reddit）和汤博乐（Tumblr）等科技巨头已经采用了这种黑客思维，通过向用户表明"一切正常"，培养用户忠诚度并维护其企业声誉。

红迪网的案例尤为典型，该公司是一家在2021年时估值达60亿美元的美国科技公司，主要从事新闻整合业务，对网络内容进行评级并提供讨论平台。[53] 2014年之前，红迪网曾发表声明，告知其用户"网站从未收到过国家安全函、根据《涉外

第二章 找漏洞

情报监视法》下达的命令,或任何其他提供用户信息的机密要求"。它还明确表示,"如果收到这样的要求,那么我们将设法让公众知道这一情况"。

2015年,当该声明被删除时,红迪网发布了一条神秘的消息,表示其无法对"金丝雀安全声明"的消失发表评论,用户已然清楚其中深意,并可以据此采取相应措施。该公司执行的漏洞方案行之有效,不是因为它默默地遵守了规定,而是因为它兑现了承诺。[54]

红迪网在2015年的沉默之所以重要,不仅因为它成功地通知了用户,还因为它是在其联合创始人之一亚伦·斯沃茨去世几年后实施的这一措施。正是他的死亡事件鼓励了许多学者和活动人士去寻找漏洞,从而绕过传播学术知识的付费墙。

2. 绕开付费墙

斯沃茨是世界上极为著名的黑客之一,也是开放知识运动的狂热成员,该运动的指导原则是,知识应该不受限制地被自由使用、重新使用和传播。他被指控试图通过麻省理工学院的账户从期刊存储网下载学术文章并将其公开,从而规避付费墙。他因此被捕并可能面临长达35年的监禁。最终,他在拒绝了检方的诉辩交易后自杀了。[55] 鉴于他为开放知识所做的斗争,他成为计算机极客、科技巨头、学术界和活动人士的偶像,但在娱乐、出版和制药行业却一直被人诟病。

变通：灵活解决棘手和复杂问题的黑客思维

他激励了那些仍在试图突破边界获取知识的人，但他们不会再以身犯险，以入狱为代价。尽管斯沃茨对知识产权采取了更具对抗性的态度，并承受了巨大打击，但自那以后人们开始选择并利用让法律无法轻易起诉他们的漏洞。为了起诉他们，执法部门先得将这些漏洞归类为共同侵权，即在被告知晓侵权行为的情况下，诱导或实质上促成了某种侵权行为。即便这些人被起诉的概率非常小，但他们的所作所为依然极具争议且难以被证明有罪。

例如，在亚伦·斯沃茨被捕的同一年，推特热搜标签"#危险地带"开始被用来获取被付费屏障限制的学术期刊文章。它是这样运作的：想要获取文章的人通过在推特上发布文章的题目或其他关联信息，以及他们的电子邮件地址加该标签来提出请求。有机会接触到该文章的人（例如，通过大学等机构）在看到该推文后，可以直接下载该文章并与请求者分享。[56] 这个漏洞之所以行之有效，是因为我们虽然无法在不侵权的情况下公开提供该文章，但学者通常被允许将文章直接与个人进行非商业性分享，就像从朋友那里借书那样。如果这篇文章不是所有人都可以看到，也不收取任何费用，那么你很可能不会被起诉。

有趣的是，论文的作者也利用了该漏洞。作者将其受版权保护的文章在科研社交网络（如 ResearchGate）上发布，但不显示学术期刊的标志或版面信息。该漏洞的可行性在于，即使期刊文章受版权保护，文章中的知识和内容也可以作为"预印本"自由共享。这并没有直接侵犯期刊出版商的版权，而且学术界

第二章 找漏洞

的人都明白这意味着什么：阅读免费版，引用发行版。

期刊出版商并不喜欢这种策略，因为这破坏了它们的商业模式，而其商业模式正是基于将研究成果置于付费和订阅的屏障之后。

学者出于不同的原因追求这种找漏洞式的黑客思维。第一个原因是自私的，在期刊上发表文章可以在同行中获得认可；免费的内容可以帮助他们传播知识，被更多的人引用，从而提升他们的影响力。这意味着，通过发表期刊文章和公开分享知识，学者也可以做到鱼与熊掌兼得。

第二个原因就像斯沃茨一样，许多学者信仰知识开放，特别是当研究项目受纳税人资助时更是如此。许多学者强烈反对学术出版商的商业模式，它们对浏览文章收费，但不为研究提供资金，也不为作者和审稿人的贡献支付报酬。通过找漏洞，学者可以无视这些出版商，削减它们的利润，而不必冒着坐牢或损害职业生涯的风险。此外，学者还可以通过分散的网络，自主地、积极地寻找这些漏洞，而不需要寻求他们所属机构的支持。

支持知识共享的漏洞与之前的例子有所不同，主要包括以下两点。第一，它展示了一个模糊性更强的案例。例如，那些利用"#危险地带"标签进行变通的人并不完全清楚其如何运作，许可界限也并不明确，执法并不可行。第二，这个案例说明了漏洞的影响可以像滚雪球一样：如开放知识运动的案例所示，当一个主要的利益相关群体（如学术界）涌向同一个变通方案时，他们可以挑战主导力量（如出版商）并刺激替代模式产生。

如何利用漏洞挽救生命

许多处于权力边缘的人发现并利用漏洞来绕开政府内部的强大势力。但权力是相对的，政府官员也可以利用漏洞。事实上，我所见过的最巧妙的黑客思维来自巴西的弗拉维奥·迪诺，他在竞争对手雅伊尔·博索纳罗当选该国总统的同一年，再次当选马拉尼昂州州长。

马拉尼昂州约有一半人口每天的生活费不足5.5美元[57]，在新冠疫情暴发初期，政府要为日益增加的患者提供医疗服务变得越来越困难[58]。当时该州抗击新冠疫情的成本约为1.6亿美元。联邦政府只提供了大约1 000万美元的资金，而该州急需呼吸机来为越来越多的新增患者提供治疗。

于是，当地商业界人士向州政府捐助了大约300万美元，以便迅速为公立医院购买呼吸机。尽管州政府获得了这笔钱，却无法购买呼吸机，因为呼吸机必须从中国进口，而当时中国没有直飞巴西的航班。在第一次尝试中，州政府从中国购买了呼吸机，并在美国停留加油，但美国政府拦截了这批货物。第二次尝试是通过德国，在那里发生了同样的事情。第三次，州政府试图从一家位于圣保罗的巴西公司购买呼吸机，但该公司却不予出售，因为联邦政府要求所采购的呼吸机必须进行统一规划，然后才能重新分配给各州。[59]

第二章　找漏洞

迪诺州长曾是一名联邦法官,所以他很清楚规则允许做什么,不允许做什么。他与员工和当地商业界人士一起(包括巴西最大连锁超市和最大矿业公司的高管),采取了一系列巧妙的变通办法。与在不同场合利用各类漏洞的贡珀茨不同,迪诺州长需要将寻找漏洞式的黑客思维叠加在一起,以达到目的:在新冠疫情暴发后迅速购买和安装呼吸机。州长和他的商业伙伴所获得的成就值得关注,因为它展示了在紧急情况下,比如在全球疫情中拯救生命时,如何将一系列漏洞按照特定的顺序叠加在一起,利用不同行为主体之间不太可能形成的合作关系创造漏洞。

1. 环环相扣的漏洞

首先,商业界人士没有向政府捐款并通过典型的公共采购流程购买呼吸机,而是将大部分资金直接捐给了连锁超市马特乌斯集团,该超市已经建立了从中国采购商品的系统。如此,他们便成功绕过了政府的官方采购流程,该流程通常要耗费长达三个月的时间。马特乌斯集团和淡水河谷公司的员工不仅购买了这些设备,还通过中国的网络监控看到了107台呼吸机的制造过程,并确保它们不会被出售给其他客户。

然后,他们发现了第二个漏洞:没有雇用货运公司将呼吸机经德国或美国空运,而是将呼吸机从生产工厂送到最近的机场,淡水河谷公司租用了一架货机在那里等着将它们运往巴西(以防他人知晓运输的是何种货物)。但飞机仍然需要在某个地方停下来加油。这架飞机避开了迪拜、美国和欧洲各国，选择途经埃塞俄比亚，这样货物受到的审查较少，而且埃塞俄比亚也不会将设备扣留。

飞机降落在圣保罗后，迪诺州长的团队面临着另一个关键性障碍：巴西联邦政府仍然可以在呼吸机通过海关时将它们扣留。因此，货物在从圣保罗出发到马拉尼昂州的海关期间是保密的。

然而，即使在马拉尼昂州，巴西联邦政府也是海关和税务官员的雇主，他们仍然可以没收货物，并将呼吸机运回圣保罗。接下来是这个系列的第三个也是最后一个漏洞：飞机计划在晚上9点，也就是在机场海关和税务部门工作人员的非工作时间降落。同时，州政府秘书长签署了一份文件，确保货物先被取走，并在第二天规定的时间送回，而这满足海关所有的法律规定。当晚，一个由州政府雇员组成的委员会将设备直接带到医院，给病人使用。

当第二天返回机场海关时，他们知道巴西联邦官员不会再没收已经用于拯救生命的呼吸机了。通过这一系列的变通措施，107台呼吸机全部被成功地运输并安装到当地的医院使用。[60]

2. 无罪

当我与一位联邦法官谈及此事时，他解释说，由于他们在没有事先清关的情况下从机场带走呼吸机，违反了国际贸易和海关法，巴西负责征税和海关事务的联邦机构对马拉尼昂州和一家参与变通的公司提起了行政诉讼，并对它们处以罚款。州政府提出上诉，几个月后，法院裁定它们无罪。法官了解到，当事人没有逃税或向国内走私违禁品的意图，紧急状态下随机应变的重要性压倒了教条地遵守通关程序。

据我采访的法官所说，联邦政府仍然可以对迪诺州长和其他参与变通的人提起上诉或其他诉讼，但被判有罪的可能性接近于零。为了寻找和利用漏洞，州政府和企业通力合作利用各自的优势，这才得以挽救了成千上万人的生命。

正视找漏洞的道德性

尽管有许多人认为，分享学术知识或购买呼吸机救人的漏洞是无害的，但图谋不轨的人亦利用漏洞的道德矛盾性。下面我们将深入探讨漏洞的道德问题，以及为什么利用漏洞总是比阻止其他人利用漏洞更加容易。

1. 自制药品

让我们来看看开放知识社区里的一个更为极端的例子。一个有争议的团体致力于挑战制药公司的知识产权和公共卫生部门的权威，如美国食品和药物管理局。

美国加州门洛学院的数学教授米克斯·劳弗是"四贼醋"

的首席发言人，这是一个由个人组成的非正式自治团体，所有成员都有着强烈的自给自足精神，并对医疗保健领域的知识产权感到厌恶。由于教授穷人如何制药，劳弗博士很快就成为生物黑客领域颇具争议的人物。他的行为被视为对资本主义和知识产权的颠覆，而正是资本主义和知识产权在本质上限制了药品和整体健康医疗产业的发展。

我和劳弗博士就"四贼醋"进行了一次发人深省的交谈。"四贼醋"的名字来源于中世纪黑死病时期的一个故事，也可能是杜撰的。这件逸事表明了这个组织的目的：从那些受益于疾病传播的个人或公司手中解放医疗知识产权。据说，盗贼们戴着含有醋和抗菌成分的面具，在瘟疫肆虐的地区抢劫。他们虽然遭到了逮捕，但在同意透露治病配方后获得了释放。配方的公开挽救了许多人的生命。这也正是这个当代团体名称的隐喻：分享那些从疾病中获利的人所拥有的"醋"。[61]

劳弗博士在2017年崭露头角，当时他正致力于绕过迈兰公司的知识产权限制。迈兰公司是一家制药公司，它拥有"肾上腺素笔"的专利。"肾上腺素笔"是一种肾上腺素自动注射器，可以将人们从危及生命的过敏反应中拯救出来。该公司将"肾上腺素笔"两件套的价格从2007年的100美元抬高到2016年的600美元以上，以便获得更高的利润。[62]这种行为激起了劳弗等人的不满，他们认为获得药品的权利在道德上胜过任何维护企业利润的理由。这自然也激起了许多患者的不满，因为他们再也买不起赖以生存的药物。

第二章 找漏洞

作为回应，劳弗录制了一段视频，并发布操作指南，展示制作肾上腺素笔的过程，而制作材料仅需 30 美元左右，并可从亚马逊网站购得。这显然剑指"肾上腺素笔"。他利用的法律漏洞是：只是在分享知识，而非将"肾上腺素笔"商业化，因此不应该承担侵犯知识产权的责任。除非迈兰公司试图将其变成一个棘手的案件，即认定该视频构成了某种类型的共同侵权。劳弗意识到了这些风险，但他也知道制药公司在这种情况下并不特别热衷于通过司法途径来解决问题。公司将他告上法庭可能弊大于利，毕竟诉讼会在无形中促进劳弗的事业，更多的人会意识到他的黑客思维，并发现他对抗迈兰公司的原因。

这就是他不断突破边界的方式。劳弗认为，如果我们知道如何使用这些材料，那么获得医疗产品就只是一个组装问题，就像组装"肾上腺素笔"一样。他告诉我，"这会像组装宜家家具一样简单"。在我们谈话的那段时期，他正在开发一个开源的药剂师微型实验室：它是一种通用化学反应器，由网上廉价购买的材料制成，用来在家里合成药物。他计划免费发布这个微型实验室的制作方法，以及制造药物的配方。他还热衷于生产一批索磷布韦，它是一种治疗丙型肝炎的药物，知识产权由吉利德生物技术公司拥有。2017 年，12 周的索磷布韦的治疗费用约为 84 000 美元[63]，但根据劳弗的说法，如果从可信赖的供应商那里购买材料并自行合成药物，他的制药配方至少可使成本降低到原来的 1/100。

我在午餐时把这个故事告诉了我的叔叔，他是一位拥有心脏病理学博士学位的医生，他说："好吧，如果你能正确地合成药物，那就太好了，但如果你搞砸了，就可能会死。你会冒这个险吗？"即使你不认同劳弗的理念，也要为他的聪明才智点赞。他的逻辑是，即使科学是可复制的，我们也创造了强大的人为障碍，阻止人们将其复制并从中受益。他说，制药公司和政府经常利用这些障碍，如知识产权和"质量控制"，使少数人的财富积累合法化，而忽视了更多人的需求。

劳弗认为绕过这些障碍在自然和道德上都是合理的，因为相较于向有需要的人及时提供挽救生命的治疗，质量控制不应具有优先性。很明显，"四贼醋"对大型制药公司不利，而有利于需要廉价药物的人。

你认为这个漏洞是"好"还是"坏"，取决于你优先考虑的事（和人）。你是否会优先考虑安全性而非可得性？你是否认为专利是不公平的，因为它阻止了人们获得原本可以更容易、更廉价就能获得的药品？或者你是否认为专利保证了发明者因其发明而获得的奖励？如果社会不给予他们足够的奖励，他们就会失去发明新药的动力，从而对社会经济进步产生负面影响。

这些黑客思维虽有争议，但其中存在一个益处：它们促使我们重新审视自己的价值观，从而认识到价值观与现状之间的偏差。它们促使我们反思那些强加在我们身上的规则和惯例，并推动了变革。

第二章 找漏洞

2. 肮脏的漏洞

接下来，我们来看一个我强烈反对的电子垃圾倾倒案例，进一步探讨找漏洞式的黑客思维所涉及的道德问题，然后反思漏洞何以具有弹性，为何会被很多人持续利用多年。

《巴塞尔公约》是 1989 年签署的一项国际条约，旨在防止有害垃圾从富国跨境转移至穷国。[64] 然而，30 多年过去了，马来西亚等国仍然不得不把已经从富国运来的用来装电子垃圾的集装箱再运回去，一些中低收入国家依旧被当作世界垃圾场。[65]

电子垃圾的处理问题很大。这种类型的垃圾包含了一系列对人类和环境有害的化学物质。如果处理不当，电子垃圾就会严重污染土壤、水源、空气和整个食物链。为了逃避在本国处理电子垃圾而日益增长的成本，富国的公司有计划地通过一个漏洞绕过《巴塞尔公约》，将电子垃圾倾倒在加纳等国家的垃圾填埋场，同时声称它们实际上是在"出口二手产品"。[66]

富国的公司之所以这样做，是因为在德国或美国妥善处理旧计算机显示器的成本要比将其出口到其他地方的成本高很多。截至 2016 年，全球已丢弃 4 470 万吨电子垃圾，其中仅加纳就进口了 15 万吨。[67] 这些所谓的二手产品大部分被送到了加纳的阿博布罗西，那里有一个巨大的电子垃圾回收站。

当绿色和平组织检查阿博布罗西的土壤时，调查人员发现其遭受污染的水平比相关规定建议的水平高出 100 倍。长期接触这些化学物质会损害人体几乎所有的器官和骨骼，影响生育能力甚至是智力水平。该地区约有 8 万居民，他们陷入贫困的恶性循环之中，被迫焚烧电路板和计算机顶盖，以提炼微量的金、铜和铁用来转卖。他们呼吸着有毒的气体，却只能勉强维持生计。[68] 由于恶劣的生活条件，该地区被戏称为"索多玛和蛾摩拉"，这是《圣经》中的两座罪恶之城。[69]

在电子垃圾倾倒案例中，对漏洞的使用存在争议，尤其是它暴露了全球范围内极度不平等、不平衡的权力关系。利用漏洞所产生的影响是积极的还是消极的，取决于针对具体情景的道德观念。我认为在加纳倾倒电子垃圾在道德上应受到谴责，而提供安全堕胎则是一种公共利益，但我也意识到在这些话题上仍存在许多不同的观点。然而，不管立场和争议如何，利用漏洞是实现目标合法化的有效方式。你不必断然选择支持或反对，你可以把它们看作实现目标结果的一种手段。

本章中的案例也说明了找漏洞式的黑客思维的弹性。《巴塞尔公约》签署已经 30 多年了，向国外倾倒电子垃圾的漏洞仍然大开。许多人试图关闭它，但这并不容易，改变规则需要大量的谈判，各方都有着不同的优先事项和议程。漏洞的带宽可能会改变，但在漏洞关闭之前，仍会有大量的垃圾被继续转移。

如何寻找漏洞

本章所描述的情形使我们发现自己经常被现有规则约束，甚至为其所困。但是正确的方法往往不止一种，简单地遵守或

第二章 找漏洞

打破规则并不总是完成任务的最佳方法。通常情况下，总有一种介于两者之间的选择。当我们没有力量或资源去改变事情的发展走向，或者因为需求太过紧迫而没有时间等待改变时，黑客思维尤其具有吸引力。

寻找漏洞的挑战在于，我们将根深蒂固的规则视为正确的规则，而不是正确的选项之一。这是因为，规则引导了我们的思想，帮助我们快速处理大量信息，同时也限制了我们横向思考和发现细微差别的能力。然而，多亏了我们从好胜组织中学到的东西，使我们可以识别、归纳寻找漏洞的模式。

在这一章中，非营利性组织、公司、集体、律师、学者、精通技术的个人，甚至政府官员都找到了巧妙的方法，绕过各种限制。尽管这些故事中的参与者、遇到的障碍和目标各有不同，但寻找漏洞的方式不外乎以下两种。

第一种，利用了一套与现状有所差异，但更为有利的规则。例如，夫妻在异国他乡离婚和再婚；一名男子在其律师援引与动物保护有关的法案后在逼仄的监禁中获得了更人道的对待；在公海行驶的荷兰船只上合法、安全地提供堕胎服务；科技公司依靠美国言论自由的相关规定，找到了有效的方法告知其用户自己已被政府监控。当他们跳出束缚的规则，转而关注不太传统的规则或路径时，便发现了漏洞，这使他们能够以一种技术上正确的非传统方式获得想要的结果。

第二种，更为仔细地观察限制性规则的"具体表现"，以使其无效或无法执行。例如，我的朋友从未还清她的信用卡债务；

波西亚宣布夏洛克和安东尼奥之间的合同无效；州长在医疗危机期间购买了呼吸机；学者和用户在不侵犯知识产权的情况下分享科学论文；生物黑客在网络上分享专利医疗产品的配方；被贴上"二手产品"标签的电子垃圾充斥加纳。这种黑客思维包括分析规则的模糊性，以及在何种情况下可以（或不可以）执行这些规则。

第三章

迂回战

孟买一个流行电视频道的创意主管说："我回到印度是因为怀念在街上小便的自由。"[1]这是他为自己放弃在加拿大的舒适生活和高额薪水而回到原籍国所找的理由。虽然这位外籍人士将随地小便视为一种解放天性的浪漫体验，但是墙的主人却不这么认为。尽管该国当局强烈谴责这种不卫生的习惯，但长期以来，他们一直努力执行反对这一行为的法律。

为什么男人倾向于对着公共墙小便？有些人为这种做法辩解，指出该国缺乏公共和私人厕所，还有一些人认为随着卫生基础设施的改善，情况会有所改变。2014年，印度总理纳伦德拉·莫迪发起了"清洁印度运动"，旨在解决露天排便和人工清理等问题，在此之前，近一半的印度家庭没有厕所可用。尽管印度在2014—2020年建造了多达1.1亿间厕所，但是随地小便的问题仍然存在。[2]这一结果对许多政策制定者来说并不意外，他们认为在公共场所小便是性别行为问题，并非仅仅因为缺乏设施，毕竟女性似乎总能找到厕所或其他适当的地方方便。

所有阶层具有不同背景的印度人都将这种行为描述为"不可避免"。去印度时,我询问普通公民为什么男人对着公共墙小便的情况如此普遍,人们回应:"印度就是这样。"随地小便的男人越多,这种行为就越常态化。

当局、活动团体和被这种做法困扰的个人尝试了一系列解决方案。印度的许多邦都出台了针对随地小便罚款的规定,但这些规定几乎没有被执行。警察通常认为对不可避免的行为进行罚款没有意义。

由于对执法不力感到失望,活动人士开始自己动手解决问题。一个名为"清洁印度"的组织在 YouTube 上发布了一段视频,视频中戴着面具的活动人士开着一辆黄色的卡车在城市中穿行,用高压水炮向随地小便者扫射[3]。这段视频在网上疯传,引起了人们的关注,但它对在公共场所小便的人几乎没有产生任何影响,在这个拥有 10 多亿人口的国家,大多数人甚至不知道这个组织的存在。墙主人试着采取羞辱策略,比如在墙上写上"在这里小便的人是浑蛋"的字样,但这并没有起到作用。事实上,一些小便者似乎还受到了激励,要么出于蔑视,要么出于幽默。

但是,墙主人采用的另一种策略似乎很奏效。在印度各地,我都能见到印有印度教神的方形瓷砖被贴在墙上,它们通常离地有膝盖那么高。有些墙壁将印度教瓷砖与基督教和锡克教的图腾绘在一起,和谐地对该国的主流宗教进行融合。起初,我以为这只是宗教信仰的表现形式。随后,一位研究人员解释说,神灵的注视似乎会让潜在的小便者怯场。毕竟,在神像面前小便,或者在神像上面小便是一种亵渎。在街道两边,印有印度教神的墙和无教神的墙之间的区别显而易见。一些墙主人告诉我,在他们贴上印有印度教诸神的瓷砖后,小便事件减少了90%。

到底发生了什么?随地小便似乎是一种根深蒂固的社会习惯,建造厕所或处以罚款并没有改变人们的认知、看法或行为。如果不能轻易改变人们的想法,那么为什么不利用他们的信仰来改变其行为呢?

这种黑客思维可能远非理想,尤其是它没有完全解决这个问题:男人仍然穿过马路,在神明看不到他们的地方小便。但有时你所希望的只是一种解决方法,保护你的墙不受无法改变的行为影响。不出所料,这种黑客思维受到了重视,在印度各地都可以看到这些装饰有印度神灵的墙。

在这个国家的其他地方,也有人创造性地借鉴了这种逻辑。例如,餐饮公司开始在厨房里摆放神像,作为"神圣的提醒",提醒员工在做饭前必须洗手。就连公共活动也从这个想法中受益。2016年,一家印度制作公司在YouTube上发布了一则名为"#别让她走"的广告。这段视频提醒约占印度人口80%的信教人[4],财富和繁荣女神拉克希米只会住在干净的地方。视频中写道:"在你下次想要乱扔垃圾之前,请记住,女神可能会离你而去。"[5]

利用人们的信仰可以激发其行为的改变,在这一章中,你会看到其他的小方法，通过使用我所谓的迂回战式的黑客思维来遏制那些看似无法避免的行为。

迂回战式的黑客思维

迂回战式的黑客思维会扰乱和重新锁定积极的反馈循环，从而引发自我强化行为。让我们从系统思维的角度更为仔细地观察什么是反馈循环。[6]

当一个系统的输出结果被传送回同一系统的输入端时，就会发生反馈循环。这些循环可以是积极的，也可以是消极的，它并不指向其产生的影响是有益的还是有害的。

负反馈循环就像是家里的恒温器，如果温度低于设定值，恒温器就会启动加热模式；而当温度达到设定值时，恒温器就会关闭加热模式，从而通过自我调节来保持温度稳定。

反之，正反馈循环会导致自我强化。它由一系列事件组成，这些事件或好或坏，都以彼此为基础进行相互强化。正如印度随地小便的例子所表明的那样：在公共场所小便的男性越多，该行为就越常态化。

如果这种行为被社会接受，那么会有更多的男性随地小便，或无视惩罚这种行为的措施。此外，一旦在公共场所小便的男性减少，那么这种做法可能会变得不受欢迎，从而把马路作为小便池的男性就会越来越少。

自我强化行为既可以发生在社区层面，也可以发生在个人

第三章 迂回战

层面。当我还是个孩子的时候,每当与兄弟打架,我就会受到这个原则的影响。如果他弹我,我就会拉他,然后他就会给我一拳,战斗总是迅速升级,没过一会儿我们就会在地板上扭打,并试图伤害对方。战斗升级的自我强化性质类似山体滑坡,一块石头坠落可能会将其他石头震出原位,而这些石头又会把更多石头打乱,进而可能导致整个山体最终滑落,影响整个社区。

一旦启动,自我强化循环就很难被破坏,但对其进行破坏恰恰是迂回战所能做的,这也是你将在本章中学到的内容。我把迂回战式的黑客思维称为迂回变通法,因为它们可以干扰和改变事情的走向。当我们只能往一个方向走时,迂回变通就像是一种权宜之计,使我们放慢速度,并走向不同的方向。

就像给墙体画上神灵一样,迂回变通法起初可能无法提供永久的解决方案,但它能使我们部分地躲开一个普遍存在的问题,为解决棘手问题争取时间,或推迟评估从而增加成功的机会,或抵制持续的压迫。在极少数情况下,迂回变通法也可能彻底改变现状,将恶性循环转变为良性循环。下面我们将讨论迂回变通的含义,它为什么很重要,以及它是如何被创造并对抗看似无法避免的事情的。

我们的第一个例子大家都非常熟悉,即保持社交距离,这就是一种迂回战式的黑客思维,它在历史上最严重的两次瘟疫中挽救了许多人的生命。

保持社交距离的权宜之计

> 我有一只小鸟,
> 它的名字叫恩扎。
> 当我打开窗户,
> 流感就来啦。

1918—1919 年,美国儿童经常唱这首歌,它反映了一种"新常态":当人们冒险走入家门外的世界时,一种威胁,也就是所谓的大流感,无处不在。[7]

西班牙流感是一场全球性灾难,死亡人数高达 5 000 万 ~ 1 亿。这场瘟疫的毁灭性传播为第一次世界大战结束庆典蒙上了一层阴影。事实上,流感的死亡人数远远超过了战争的伤亡人数。[8]

该病毒通过空气传播,席卷了美国,破坏了日常的社会交往。费城是美国主要的船舶和钢铁制造中心,也是受影响极为严重的地区之一。1918 年 10 月,棺材价格暴涨。在流感疫情暴发的前六个月,费城的流感死亡人数是圣路易斯的两倍多(费城每 10 万人中有 748 人死亡,而圣路易斯每 10 万人中有 358 人死亡)。[9]

为什么费城受到的打击比圣路易斯这样的城市更大?因为,时机很重要:费城没有及早采取有效的措施对抗病毒。而采取积极行动、限制社交原本可以成为遏制死亡人数的重要措施。

第三章 迂回战

1918年9月17日，费城发现了第一例流感病例。费城政府官员认为，采用禁止在公共场所咳嗽、吐痰和打喷嚏的措施就足够了，尽管疫情已近在眼前，但他们不想扰乱城市的正常生活。9月27日，这座城市还举办了一场爱国游行活动，游行队伍中有乐队成员、童子军和身着白衫的女学生，还有一群欢呼的观众。估计有20万人参加了这次游行活动。病毒就此迅速传播开来，在游行结束两天后，政府官员承认发生了瘟疫。但为时已晚。

圣路易斯很快解决了对该病缺乏有效治疗的问题。政府采取了约束社交距离的措施，限制了病毒的传播。在官员们发现第一例病例的两天后，该市取消了公众集会，并对患病者进行了隔离。尽管他们不知道到底发生了什么，也不知道如何治疗这种新型病毒，但他们知道这种病毒具有高度传染性，会导致大量死亡，并会给医疗设施施加难以克服的压力。保持社交距离是阻止病毒传播的权宜之计。几年后，当该病毒进化成不太致命的形态时，圣路易斯的死亡人数远低于费城。[10]

大约100年后，世界经历了另一次大规模瘟疫。新冠病毒可能让普通民众感到意外，但自西班牙流感结束以来，科学家已经警告过人们瘟疫会再次发生。2018年，剑桥大学数学家茱莉亚·戈高教授警告说："问题不是'如果'，而是'何时'，这种情况在过去发生过很多次，它可能会再次发生……如果我们不能阻止它们，那另一种选择至少是更好地分配我们的资源，尝试减少每个地方的病例数量。"[11]

美国在其总统乔治·布什的委托下，制订了一项应对生物恐怖主义（故意使用生物制剂进行恐怖袭击）的计划[12]，该计划作为国家级操作指南的核心内容，用来应对类似新冠病毒引起的大规模疫情。同样，2017年，英国政府公开的风险登记手册[13]（一项囊括针对公民、社会的所有国家级风险的政府应对计划）将恐怖袭击和流感疫情列为两大极具灾难性的潜在危险。在世界范围内，政策制定者和科学家都知道，无论是自然的还是在实验室里制造的病毒，其传播都可能变成一种恶性循环。用布什的话来说："疫情很像森林大火。如果及早发现，将其扑灭所造成的损害可能有限。如果任其燃烧而不加察觉，它可能就会变成地狱之火，迅速蔓延并失控。"[14] 巴拉克·奥巴马政府保留并改进了该工作组，并认同布什的观点。曾担任美国国家安全委员会全球卫生安全和生物防御办公室高级主管的贝丝·卡梅伦说："阻止森林大火的方法是隔离余烬。"[15]

2006年，制订生物恐怖主义计划的委员会研究了传染病模型，并制订了一项会面临强烈谴责的计划：如果国家遭受致命流行病的袭击，政府必须告诉美国人应在家中隔离。有关这些模型的大部分知识来自罗伯特·格拉斯博士，他是在桑迪亚国家实验室工作的科学家。他研究了复杂系统是如何运作的，以及我们应该如何避免灾难发生。格拉斯受到了14岁女儿学校社交网络运作的启发，深入探索了学校是如何成为危险的传播媒介，以及如何打破传播链条的。[16] 格拉斯和他的同事在超级计算机上进行了模拟，结果显示，若在一个有1万人的小镇上关闭学校，那么将仅有500人被感染，但如果学校仍然开放，一半

第三章 迂回战

的人口将很快被感染。该研究得出的结论是：在没有疫苗和抗病毒药物的情况下，保持社交距离"将在局部对高毒性毒株产生防御能力"[17]。

保持社交距离并不是应对大规模传染病的新方法，这一方法早在西班牙流感大流行期间就挽救了无数生命。当时，关闭学校、教堂和剧院，禁止公共集会降低了死亡率。然而，在制药行业取得了几十年进步之后的近年来，许多消费者开始期待药物研发商做一些不可能做到的事情。我们认为，对于任何可能出现的疾病，都必须有立即修复或变通的方案。不幸的是，新冠病毒出现后，情况并非如此。

在2019年首次报告新冠病例后，疫情迅速在世界各地传播开来，促使世界卫生组织于2020年1月30日宣布其为国际关注的突发公共卫生事件，并在大约40天后宣布其为疫情。疫情暴发后不久，许多民粹主义政客的言论引发了争议，在极少或没有科学证据的情况下，他们声称已经有了针对疫情治疗的药物（如羟氯喹，一种美国食品和药物管理局批准的治疗或预防疟疾的药物）。尽管历史和流行病学证据表明了保持社交距离的有效性，但对许多政治家而言，保持社交距离似乎是一种反乌托邦式的变通方案，其中包括美国的政客。然而，归功于格拉斯等科学家的工作，以及制订了科学防疫方案的政治家和公务员，美国在15年前就已经认识到了保持社交距离的重要性。

科学界迅速强调，在疫情防控期间，我们根本无法维持正常生活，媒体最终也同步了这些基于医学证据的表述。科学家在很大程度上认识到,我们比以往任何时候都更需要保持社交距离:自西班牙流感暴发以来,世界人口已从18亿[18]增长到78亿[19],我们现在生活在一个更为全球化,且连接更为紧密的环境中,这将转化为更高的潜在传播率和死亡率。

2020年3月,当新冠病毒严重袭击伦巴第大区时,情况似乎与百年前在费城发生的情况十分相似。限制社交距离的措施是逐渐实施的,具有不均衡性。在一些地区,只限制社交聚会和少数经济活动;但在其他国家,则实施了全面封锁,个人只被允许外出购买基本生活用品或寻求医疗服务。因此,各城市的死亡人数相差很大。

我们把自己关在家里,这看起来可能很落后,而且对经济产生的影响也是灾难性的。然而,由于病毒的传播速度是指数级的,需要一个临时的权宜之计来干扰和减缓病毒的传播速度,因为我们需要争取时间。虽然这种迂回变通法并没有直接解决问题,但它帮助我们降低了死亡率,并减轻了医疗系统的压力。与此同时,科学家和医疗专家对病毒有了更多的了解,确定了有效的抗病毒药物,并研发出了疫苗以结束疫情。

秘密开展的迂回战:越轨创新

有时,我们不得不封闭隔离,以避免产生最坏影响;其他时候,我们进行秘密工作,以换取发展变革性想法的空间和时间。

在大多数公司,员工需要获得管理层的许可才能开发新想法

第三章 迂回战

或新项目。员工很难在自己的想法处于早期阶段时，就让经理相信其潜力。主管常常担心公司的资源遭到浪费。在创新形成的过程中，自主性和问责制之间存在着天然的紧张关系，尤其是大公司，它们在赋予员工创造力的灵活性与设定确保员工的努力有利于公司的优先事项并尊重公司的资源限制之间找到了平衡。

自主性和问责制之间的平衡是复杂的，因为控制和解放都可以自我加强或逐渐失控。人们对自身想法进行试验的次数越多，就越会觉得自己能做出贡献，并倾向于继续探索。反之亦然：人们的想法越被忽视，或管理者施加的限制创造力的规则越多，员工就越不认为他们可能提出建议或参与创新项目。

当员工有了新想法并想探索它，但又担心无法及时获得主管授权时，会发生什么呢？为了追求自己的想法，有些人会选择绕开公司的规定或上级的直接命令。创新管理学者称这种行为是"越轨创新"，这里援引美国实施禁酒令期间，人们将酒藏在靴子里的做法[20]。越轨创新囊括了没有得到正式组织支持，也未引起高管重视的所有创新工作。

在资源稀缺的情况下，公司通常会优先考虑成本较低或更符合公司愿景和核心业务的项目。有些员工为了从事未经授权的项目而绕过公司的规定，在暗中创造了一个秘密空间。在极端情况下，他们藐视直接命令，但在大多数情况下，他们只是继续推进自己的项目，直到取得了充分的发展才考虑揭示其想法。需要注意的是，他们可能会无视公司的规定，但并未窃取公司资源；这些越轨创新者利用公司资源进行创意开发，因为他们对"什么对公司有利，什么对公司不利"的看法与管理者不同。如果他们成功了，越轨创新就会让公司受益。事实上，在如今这个时代，一些最具变革性的创新就是源自这种迂回式的黑客思维。

1. 行动中的反抗

可以说，正是越轨创新促进了一种减轻疼痛的水杨酸变体的合成，即阿司匹林。相传，拜耳公司年轻的化学家费利克斯·霍夫曼注意到他父亲治疗风湿病时服用的带有苦味活性成分的水杨酸钠会令他呕吐，于是他成为一名越轨创新者，致力于研发一种更好的替代品。[21] 大约100年后，同一家公司的科学家克劳斯·格罗厄秘密设计了环丙沙星的结构配方。环丙沙星是一种广谱抗生素，作为美国食品和药物管理局批准的第一类用于治疗生物武器炭疽的药物[22]，引起了国际关注[23]。

电子行业的越轨创新也很普遍，并对我们常见的一些小工具和电器的发展产生了深远的影响。20世纪60年代，惠普工程师查克·豪斯无视公司联合创始人兼首席执行官戴维·帕卡德的直接命令，设计了一款大屏显示器。惠普一半以上的产品都集成了这款设备。帕卡德后来授予他"越轨创新者勋章"，以表彰他超乎正常工程师职责的非凡蔑视和反抗精神。[24] 该行业的其他越轨创新包括默克公司的液晶显示技术、日亚公司的防蓝光照明技术、东芝公司的第一台笔记本电脑以及施乐公司的第一台激光打印机。[25]

这种迂回式的黑客思维是隐秘的,因此不容易被察觉和记录。但我们很清楚它们发生的原因和方式。越轨创新者会对他们的项目保密,直到项目的价值彰显。这一点尤为重要,尽管创新项目可能具有相当的可靠性和潜力,但其早期的性能和功能通常比较粗糙。如果没有一种迂回的方法为富有创造力、敢于挑战的员工提供空间和灵活性来开发那些可能招致上级审查的自主项目,那么我们非常喜欢的一些产品,如阿司匹林,就不会存在,或者需要更长的时间才能问世。

2. 越轨创新

创新管理研究表明,在越轨创新更为普遍的公司中,员工往往不会反对同事的离经叛道,而是更倾向于参与秘密创新团队的活动[26],从而营造出鼓励员工开发新想法,并在自有时间内展示这些想法的环境。反之亦然,如果管理人员对越轨创新采取异常严厉的态度,那么将会形成一种自我强化的文化,从而抑制创新。

这些越轨创新者会扰乱这些自我强化的行为,促使企业文化发生变革。当意识到越轨创新项目的价值时,一些公司选择睁一只眼闭一只眼任其蓬勃发展,同时尽量避免其与会计和审计发生冲突。而其他公司,如明尼苏达矿业及机器制造公司和惠普,则从越轨创新中获益,甚至走得更远,彻底改变了企业文化。它们允许员工拿出 10%～15% 的工作时间来追求个人的创新兴趣，这样员工就无须为追求自己的想法而绕过管理层的规定。[27]

从这些案例中，我们了解到企业可以利用迂回式的黑客思维来激发更为灵活的企业文化。有了更多的自主权和灵活性，员工不再需要绕开上级。他们也可以脱离地下状态，在开放的地方自由地探索机遇，从而发现创新的机会，但必须谨慎地探索这些极易被忽视的机会。因此，他们可以通过展示自己的想法来获得反馈，并与其他人共同创新。

迂回战的力量：种姓制度的转变

迂回式的黑客思维可以改变权力的演化。在与社会企业家接触时，我第一次注意到这一特征。如印度库坦巴卡姆村的领导人埃兰戈·兰加斯瓦米，他巧妙地运用变通方法来挑战种姓歧视。

印度的种姓制度将人分为不同的等级群体。这一制度存在了 3 000 多年，几乎决定了社会生活的每一个方面。种姓制度由四个主要群体（婆罗门、刹帝利、吠舍和首陀罗）组成，继而又被分为大约 3 000 个种姓和 25 000 个亚种姓。达利特又被称为贱民，注定要过着被排斥的生活，要从事最不受欢迎的工作，如打扫厕所或养猪。[28]

由于对种姓制度的自我强化属性感到好奇，我向不同种姓

第三章 迂回战

的印度公民询问了反抗种姓制度的最佳方法,但我对他们的回答表示质疑。大家都强调,主流的反种姓工作应以执法为基础,他们认为通过严格的惩罚,情况可能会逐渐改变,但制度上的改变不可能在短期内实现。一些学者认为,教育也可以改变人的行为,但需要历时几个世纪才能从根本上改变这个国家。一位更具革命性的专家告诉我:"只有摧毁印度教才能起作用,如果废除了印度教中的种姓,那么一切都结束了。"尽管对如何处理这个问题存在分歧,但所有人都认同,由于种姓制度在社会结构中根深蒂固,种姓歧视已经变得正常化和自我强化。

在库坦巴卡姆村长大的兰加斯瓦米亲身经历了种姓冲突和歧视,作为达利特的他面临着许多歧视行为。为了应对这一问题,他在村子里采用了一个巧妙的迂回战式的黑客思维。尽管这种方法并没有从根本上解决问题,却成功减少了他经常面临的歧视行为。

故事始于工程师兰加斯瓦米被选为他所在村庄的第一任村委员会干部,即在印度村庄实现自下而上、参与式治理的地方领导人。这个村子为穷人建造房屋的资金主要由国家提供。兰加斯瓦米为建造房屋进行选址调查,并在达利特的居住区确定了一块可用的土地,并与非达利特隔离开来。当他宣布要在达利特居住的土地上建房时,非达利特(其中许多人属于贫困人口,住在简陋的出租屋里)向兰加斯瓦米表达了担忧。正如他向我讲述的那样,他们说:"先生,你只给达利特提供住房。我们没有土地,无家可归,又有谁会为我们提供房子?"兰加斯瓦米回答说："不用担心，如果你们愿意与达利特为邻，他们可以给你们建房子，因为那里有土地。"这一回答让非达利特感到震惊。

那时，兰加斯瓦米惯用的迂回战式的黑客思维已初具雏形。他并非简单地思考如何解决住房问题，而是把它作为一个解决村里种姓歧视问题的机会。他告诉我："我把这当作一个尽可能让他们混住在一起的机会。"然后他又继续说道："我想建造双拼房屋，一边是达利特家庭，另一边是非达利特家庭。"为了说服非达利特花了不少工夫，但兰加斯瓦米巧妙地帮助他们更务实地看待这个问题，而不是试图改变他们对种姓的看法。"我给所有人打电话说，'我不是故意让你们和达利特混住……但只有达利特社区才有足够的居住空间。如果你们有兴趣，我们要建的就不是50栋房子，而是100栋房子。50栋房子给你们住，另外50栋房子让达利特住'。"非达利特很快意识到，他们要么接受免费的高质量房屋，并生活在达利特中间，要么继续住在他们简陋的出租屋里。

到底发生了什么？无论执法部门还是教育部门都无法在可接受的时间范围内解决这个问题。然而，这个问题太紧迫了，而且是自我强化的，人们不能坐视不理：每一代人都在重复歧视、孤立和压迫达利特的行为。兰加斯瓦米的迂回变通法告诉我们，你可以利用一个问题（有限的高质量住房）来解决另一个问题（种姓制度）。当我们在处理纠缠不清和难以解决的问题时，这尤其有利。

第三章　迂回战

兰加斯瓦米的住房干预措施弱化了自我强化循环，缩短了不同种姓认为的理所当然的距离——包括身体与情感距离。当达利特和不同种姓家庭在相似的条件下生活在一起时，在这些房子里长大的孩子开始在一起玩耍，不再以种姓为由进行歧视。当然，这些种姓障碍还没有完全被打破，但至少敌意已经减弱了，新一代人正在逐渐挑战种姓主义。2018年，当我和兰加斯瓦米在村子里散步时，他指向两个年轻的朋友，一个是非达利特，另一个是达利特，他们并肩而行，而这在他实施黑客思维之前是不可想象的。

他的迂回干预也带来了其他间接影响。达利特和非达利特一起动员起来，开始倡导更好的公共服务，例如，建立卫生系统，为所有人提供住房、水和电。该项目为其他村庄树立了榜样。事实上，在兰加斯瓦米完成双拼房项目的几年后，政府决定在泰米尔纳德邦的250多个不同的村庄复制该模式。

兰加斯瓦米教会我，迂回变通法的核心是与不可避免共舞。他没有试图直接改变与种姓制度相关的根深蒂固的行为和信仰，而是通过非传统的住房项目使人们打成一片，间接地解决了种姓制度中的歧视。

在压迫性系统中创造"小缓和"

本章的剩余部分将详细研究活动人士、社会运动人士和社会企业家。我们可以从好胜组织和特立独行者身上学到很多东西：他们的动力源于对解决棘手问题的迫切需求，他们必须足智多谋、灵活、迅速。传统观念认为所有类型的组织，包括非营利性组织、社会运动组织和政府机构，都应效仿商业榜样。让我们摒弃这种观念，相反地，尝试学习活动人士如何在压迫性系统中创造"小缓和"的方法。

1. 学会回弹

首先，我们将思考建筑师斯瓦蒂·贾努和尼迪·苏哈尼如何帮助德里的弱势群体抵御拆迁。贾努说，在印度，城市定居点被拆迁的现象非常普遍。随着时间的推移，由于缺乏价格合理的开发土地，加之移民不断涌入德里等城市，各种类型的计划外定居点便应运而生，其中一些被称为棚户区或侵占区。这些房屋多建于公共机构拥有的土地上，如印度铁路公司或德里某个市政公司。这些人未经许可，即在公共土地上非法建造或占用房屋，而且往往长达数十年。他们的定居点一般都在糟糕的地段，紧挨着下水道或铁轨。但随着城市扩张，开发商也开始打算在这些不受欢迎的地段建房。或者，用贾努的话说，"市场力量促使这些土地成为良好的房地产机会，然后他们就把这些定居者驱逐出去"。

定居者会在被拆迁的前几天接到通知。当局称拆迁不可避免，毕竟定居者非法占用了公共土地。每当一个弱势群体被驱逐，其成员就会遭受极大的物质损失。政府推倒了他们的房屋和庄稼，但被驱逐的人往往几天后就会回来。在与贾努交谈时，

第三章　迂回战

我天真地质疑，政府的行动是否徒劳无益，因为定居者总是会想方设法地返回原址。她礼貌地纠正我："这不是真正的韧性，你把他们的情况浪漫化了。不是每个人都会回来，每次回来，他们的东西都会少一点，情况也会更差一点。许多定居者流落街头，就是因为他们是多次拆迁的受害者。在遭受多次拆迁后，他们就会失去资产以及生活的意愿。"

贾努和苏哈尼被告知，新德里附近亚穆纳河畔的一个小规模农民定居点即将被拆迁。这块土地曾为几个人共有，他们将其租给定居者，但在几十年前，该土地已被卖给政府。尽管如此，老地主依然向定居者收取租金。尽管定居者知道这块土地是公共的，但地主掌握着地方权力并继续从中获利。而当该地区的市场价格上涨时，拆迁行动便开始了，定居者被迫支付租金，他们无处可去。对于定居者而言，这是双重压迫的恶性循环。

在2011年的一次合法拆迁中，政府摧毁了当地一所非正式运营的学校，该学校教授约200名学生。这次拆迁明显侵犯了国家赋予的教育权：即使学校所在的定居点是非法的，但德里发展管理局并没有批准拆毁学校。随后，该社区向高等法院提起上诉，并获得在该土地上重建学校的许可，前提是这所学校被归类为临时学校。法院的裁决启发了一个迂回变通法，用贾努的话说，"这是出于一种需要，为了让一个社区在不被允许的地方顽强生存，并维护它继续发展的权利"。

贾努和苏哈尼清楚，理想的解决方案是无法实现的，即停止驱逐并赋予定居者从土地中受益的权利，因为他们首先需要打破使定居者陷入贫困的恶性循环。正如贾努所言："我们一直在有限的条件下寻找权宜之计，而不是一劳永逸的解决方法。"基于此，他们在 2017 年设计并建造了一座临时的模块化校舍。该建筑可在一天内组装和拆除，以防止被直接拆毁，并确保它可以在合法的边缘地带继续使用。

两位建筑师动员了志愿者和社区成员，筹集资金来实施这个变通方案。当学校在使用时，金属框架用就地取材的材料填充，如竹子、干草和再生木材。当收到拆迁通知时，定居者可以迅速拆除学校，并将零件存放在一个三平方米的紧凑隔间里。由于这种设计没有任何能被推倒的东西，学校避免了物质损失，并能在拆迁后迅速恢复运作。这种迂回战式的黑客思维使学校能够更好、更长久地运行。贾努说："这种短暂性、临时性，实际上是一种维持学校生存的应对机制。"

可拆装的学校并不能解决驱逐问题，也不一定能改善社区状况，但至少可以防止进一步的破坏。这种灵活策略可以使它们在土地上扎根，但拆迁不可避免。如果你最关心的是推迟战斗，那么回弹可能比再打一拳更加奏效，如此你在夜晚便可安寝。

2. 学会争取时间

让我们来看看另一个抵抗驱逐的案例。我在巴西担任可持续发展顾问时曾读到过瓜拉尼–凯奥瓦人在他们自古以来便定居的土地上被不断驱逐的报道。几年后，当我在剑桥大学进行

第三章 迂回战

研究，并从世界各地的一些小组织那里了解到变通方法时，我发现在巴西政府下最后通牒时，瓜拉尼－凯奥瓦人使用黑客思维，为自己赢得了时间，并提高了人们对困境的认识。随后，我回到了祖国与活动人士、专家、瓜拉尼－凯奥瓦人的领袖和政府代表交谈，深入地了解了他们是如何抵制压迫的。

瓜拉尼－凯奥瓦人面临被强迫驱逐的历史由来已久。他们的土地没有被正式划定，农民又购买了他们的土地，结果导致出现了许多法律和物质方面的斗争。出于兴趣，我联系了一位在南马托格罗索州为巴西政府担任律师的朋友。她在谈话开始时告诉我："作为一名律师，我有时不得不为自己并不认同的事情做辩护。"将瓜拉尼－凯奥瓦人从其土地上驱逐出去的谈判就是典型。当她在通知部落首领法院支持驱逐时，曾指出政府愿意用另一片更肥沃的土地作为补偿来减轻这一打击。但部落首领深思熟虑地回答："如果我给你一个更好的妈妈，你会用你的妈妈来交换吗？"

律师很快了解到，瓜拉尼－凯奥瓦人与土地的关系确实是具有母性的。在他们的世界观中，自己必须在祖先生活过的那片土地上生活和埋葬。在他们的语言中，tekoha 既是"土地"的意思，也是指"我可以存在的地方"。对他们来说，在其领地之外没有更合适的、理想的生活。[29]

2012 年，瓜拉尼－凯奥瓦人得知，当地法院要支持声称拥有土地所有权的农民，他们将被驱逐。瓜拉尼－凯奥瓦人没有采取他们通常的做法，即公开对抗或怀着重返家园的希望离开，而是向巴西当局提出了一个令人震惊的请求。

在一封用葡萄牙语书写并发布在脸书上的公开信中，他们要求[30]："我们希望死在这片土地上，今天就在我们所在之地与祖先一起被埋葬。我们要求政府和联邦法官不要颁布驱逐令，而是宣布我们集体死亡，把我们都埋在这里。除了派拖拉机挖一个大坑用来丢弃和掩埋我们的尸体，我们要求一劳永逸地宣布我们彻底灭绝……我们已经决定，无论死活，我们都不离开这里。"

这封信将驱逐描述为种族灭绝。通过这一转折，原住民引发了公众的关注，而人们此前并不知道该部落的存在及其所承受的痛苦。这封信被刊登在主流媒体上，成千上万人在街头和社交媒体上抗议，数百封信件和请愿书涌向政府。驱逐行动被暂时中止，尽管未来仍然不确定，但2021年时瓜拉尼－凯奥瓦人依旧居住在他们的土地上。

自2012年以来，其他面临驱逐危机的原住民社区也采用了类似的维权策略。面对该地区发生的侵犯人权行为和土地紧张状况，民众的呼声越发响亮，更多的舆论压力要求为包括瓜拉尼－凯奥瓦人在内的原住民划定土地。这种黑客思维是否会在未来几十年内产生更持久的影响尚不得而知。迄今为止，法院尚未对此案做出裁决，但通过将此案提交给舆论法庭，瓜拉尼－凯奥瓦人有效避免了被立即驱逐。

3. 从恶性到良性

就像瓜拉尼－凯奥瓦人一样，活动人士和社会运动人士经

第三章 迂回战

常采用令人震惊的、具有破坏性的方法来使人们关注那些被忽视的问题。不幸的是，这些黑客思维的结果往往是失败的。有一个典型的案例就发生在博帕尔毒气泄漏事件20周年之际。博帕尔毒气泄漏事件是世界上极为严重的工业灾难之一，1984年，美国联合碳化物公司旗下的一家工厂遭遇有毒物质泄漏，50多万人受伤，3 000多人死亡。美国联合碳化物公司是一家印度公司，2001年其股份被陶氏化学公司全资收购，并将其作为子公司保留。这时，活动人士雅克·塞尔文伪装成陶氏化学公司发言人"裘德·菲尼斯特拉"，参加BBC世界新闻的一个直播节目。他声称该公司应对这场灾难负责，计划向受害者支付120亿美元的赔偿金，并对博帕尔现场进行修复。这个噱头的影响立竿见影：在法兰克福，陶氏化学公司的股价在23分钟内下跌了约4%，该公司的市值减少了约20亿美元。但没过多久BBC便在直播中发表更正声明并进行了道歉，陶氏化学公司的股价也随即出现反弹，该公司相对而言毫发无损。[31] 塞尔文和其他活动人士未能成功地利用聚光灯下的机会，这一变通方法并没有对公司或受影响的人群产生持久的实际效果。

虽然这些噱头或许会引起人们的关注和支持，但除非活动人士转变前进方向，否则他们通常无法实现永久性的改变。舍赫拉查德是一个值得学习的榜样，这位具有传奇色彩的波斯女王[32]运用一系列黑客思维，改变了丈夫沙赫里亚尔国王赋予她的看似不可逆转的命运。

故事是这样的：沙赫里亚尔发现第一任妻子对他不忠，于是他开始认为所有的女人都会背叛他。在处决了首任妻子之后，国王决定每天娶一个处女，并在第二天清晨将她斩首，以免她有机会使他蒙羞。人们对君主杀害自己女人的事感到愤怒，却无法改变他的行为。

后来，舍赫拉查德嫁给了国王。她有讲故事的天赋，每当她开讲故事，总能让听众沉迷其中，忘却现实，哪怕只是一瞬间。有一天，在国王的房间里，舍赫拉查德问自己是否可以向心爱的妹妹做最后的告别，而此前她已经秘密地告诉妹妹提出让自己讲故事的要求。国王躺在床上听着舍赫拉查德讲故事，直到黎明。然后她在一个扣人心弦的时刻中断了这个故事。

这勾起了国王的好奇心，暂时推迟了对她的处决：他坚持要听完故事的剩余部分！那晚，她以独特的叙事方式，绕过了国王的权威。第二天晚上，舍赫拉查德讲完了那个故事，又开始讲另一个故事，并再一次把握住时机，以便在黎明破晓时分留下一个扣人心弦的悬念。在 1 001 个夜晚中，她重复着同样的迂回战式的黑客思维，成功地将自己的斩首时间一天天推迟。当舍赫拉查德讲完她的第 1 000 个故事并坦白自己已江郎才尽时，国王已经坠入爱河，并决定放过这位已经为他诞育了三个孩子的女人。

通过间接抵抗，舍赫拉查德翻转了权力方程。这个变通方法改变了局势。她没有正面应对国王的权威，也没有采取公然的反抗，而是日复一日地通过讲故事来延长自己的生命，慢慢地改变了自己的命运。

舍赫拉查德的经验是利用迂回变通法为关键性的变化争取

第三章 迂回战

时间,但要确保朝着更大改变的方向不断调整。产生暂时的影响或短暂地破坏一个自我强化行为虽然是好的,但如果此后没有其他事情发生,那么这些成果很可能会消失。如果舍赫拉查德没有将她的小胜利转化为更大的成就,那她早就人头落地了。她的故事不仅为自己赢得了时间,还教会了国王宝贵的经验,并最终俘获了他的心。

何时采用迂回战

与其说迂回战是解决系统性挑战的方法,不如说是用以破坏自我强化的行为,争取时间来动员、谈判和开发替代方案,并为转变方向储备动力的策略。

众所周知,在印度,诸如在公共场所随地小便等自我强化行为很难被打破,即便采用情境干预(如提供更多厕所)和对抗性方法(如罚款和公开羞辱)也收效甚微。墙主人通过在墙上精心装饰神像来激发潜在随地小便者内心的虔诚,从而逆转他们的行为。这些齐膝高的图像能完全阻止人们在公共场所随地小便的行为吗?不能,虔诚的信徒很可能会在其他地方找到一堵与神灵无关的墙。然而,这种受宗教影响的干预非常有效,其他领域的创新者也注意到了这一点,并采用了类似的方式,以促进餐馆的卫生,防止乱扔垃圾等。

同样,仅靠保持社交距离并不能结束流行病,但它确实能拯救生命,并为疫苗和治疗方法的开发争取时间。通过推迟不

变通：灵活解决棘手和复杂问题的黑客思维

可避免的事情，迂回战式的黑客思维也可以使你基于自身条件应对挑战。推迟对项目的评估或在时机成熟时再公布想法，对创新的成功与否至关重要，否则我们可能永远无法获得如阿司匹林这样成功的产品。

另一种迂回变通法是用一个问题来解决另一个问题，就像兰加斯瓦米所做的那样，他通过建造达利特和非达利特必须混住的单元房来间接挑战种姓制度。处理这些难缠的并且有争议的现实问题需要适应性，并愿意接受临时性的权宜之计，这些措施可以缓解问题，但不能完全解决问题。

亚穆纳河畔的可拆装学校和瓜拉尼-凯奥瓦人对驱逐通知的态度，代表了应用这种逻辑的两种相反方向，但都展现了独特的智慧：前者拥抱灵活性，后者则摒弃灵活性，但两者都在各自运作，使情况在长期内变得更容易接受。

故事中的舍赫拉查德是迂回变通的教母，充分彰显了迂回变通的优秀品质：关键的改变源于有效积累，并可利用微小且临时的干预将其撬动。与舍赫拉查德一样，你也可以将变通叠加在变通之上，夜以继日、潜移默化，明确地改变最初看似不可避免的结果。但请注意她的关键点：如果不能明智地利用时机，那么仅依靠推迟评估或决策是不够的。通过一点点地挑战现状，迂回战式的黑客思维或许不会带来翻天覆地的变化，但它有助于孕育条件从而释放新的可能性。

第四章

次优解

我已经不记得自己在机场购买过多少个高价的旅行电源转换器了。我信奉随缘，倾向于把每天遇到的事情视为理所当然，比如各种类型的电源插座。但我经常忘记携带电源转换器，没有它，我在旅行中会感到力不从心。

据美国商务部国际贸易管理局的数据，全世界有15种不同规格的电源插座被使用。它们都在被使用吗？为什么我们不能有一个全球统一的标准呢？

20世纪，电气设备的兴起促使制造商开发自己的插头和插座。在此过程中，由于缺乏政府指导，少数制造商赢得了市场忠诚度，随着它们的设计占据主导地位，它们的插头和插座最终成为默认标准。起初，各国插座规格的多样性并不是一个大问题，但随着全球化程度加深，人们的国际旅行日益频繁，电子设备也更加便携，缺乏通用标准逐渐成为一大难题。

国际电工委员会在20世纪30年代初开始倡导制定全球标准。一些政府正式采用了单一或少数的标准化设计。然而，第二次世界大战和随后的经济衰退却导致国际电工委员会的工作中止于20世纪50年代。国际电工委员会曾表示："在那个时候，各国大部分基础设施已经到位，既得利益已然挂在我们的墙上。"[1]

对于许多像我一样经常忘记携带国际电源转换器的人来说，需要一款全球通用的插头。但是这应该成为公共优先事项吗？如果非要如此又应该由谁来承担转换基础设施的费用呢？为了推行全球统一标准，各国必须就设计达成一致，完全摒弃对地缘政治紧张局势、政治意识形态以及预算规模和优先事项差异的考量。想象一下，更换基础设施在政治上会多么令人厌恶，特别是在中低收入国家，更换家用插头、插座和连接器可能会成为一笔特别沉重的负担。

即使不甚完美，旅行电源转换器也提供了一个直接的、可行的替代方案，而非谈判和实施国际标准这种理想却不现实的解决方案。次优解式的黑客思维使我们能够利用现有资源达到理想的目标，而不是追求不太可能发生的大规模结构性变化，因为这需要协调众多具有差异性和不同能力水平的参与者。

次优解式的黑客思维

当我们无法改变情境限制时，次优解可能会以最小的代价完成使命。当风险很高，结构性改革过于棘手，最可行的方案也不太完美时，这种次优解的方式尤其有益。次优解侧重于重

第四章 次优解

新利用或整合资源,其范围上至最高级的科学技术,下至基础资源。关键是要关注那些原本可以被利用却被忽视了的替代方案,以及可由你支配的不同的、非常规的能力或资源组合。

有时,这些变通方案似乎像独立的补丁,使我们能够更快地实现目标。在一些情况下,次优解能够使我们探索处于主流边缘的替代方案,也能够创造先例从而促进持久的变革。本章通过探索企业家、律师、公司、非营利性组织、社会运动和无政府极客团体的故事,向你介绍我所学到的知识。他们都在不同的环境中,出于不同的原因,使用不同的资源和方法,追求次优的变通方法。

补丁的作用

不要低估补丁的作用,特别是在时间紧迫、信息有限、急需做出决定的情况下。例如,在新冠疫情暴发时,我在推特上读到一条匿名帖子,上面写着:"市场上看不见的手用不上洗手液。"很明显,供应商尚未做好准备来应对洗手液、呼吸机和口罩等产品需求的快速增长。这种短缺可能将所有人置于险境。

我们不能指望生产这些必需品的公司立刻就能满足陡增的需求。即使是年收入超过320亿美元的美国巨头明尼苏达矿业及机器制造公司,也只能承诺在2020年3月将N95口罩的产量增加一倍。[2]扩大生产力并非易事,而且需要时间:它涉及建造新的或更具规模的厂房、增添新设备、购买来自世界各地的原材料，以及雇用更多的熟练员工。

这场危机创造了一种"新常态"，而我们尚未做好准备。利害关系重大、资源稀缺、时间紧迫的情况是造就次优解变通法的实验室。在高度复杂的情况下，我们必须着眼于多种分散的反应，而不是单一的解决方案。

政府和国际组织，如世界卫生组织，开始要求医疗卫生部门以外的产品制造商，以及持有执照的药剂师和医生，利用现有资源协助生产洗手液。工程公司被迫要求转向制造呼吸机。我们能看到，从社交媒体上的网红到我们的朋友和家人，很多人都在用旧衣服制作口罩，用塑料瓶制作防护面罩。

这样的例子比比皆是。即使是奢侈品领域的知名企业，也得在必要时转而采用次优解式的黑客思维。2020年3月，法国陷入停工状态，总统埃马纽埃尔·马克龙向新冠病毒"宣战"。法国政府呼吁全国各行各业协助填补医疗用品缺口，在呼吁发布约72小时后，路威酩轩集团董事长兼首席执行官、亿万富翁伯纳德·阿尔诺集结资源，利用自己的影响力和旗下公司的生产设备，开始生产洗手液。路威酩轩集团旗下有各种奢侈品牌，从迪奥香水、路易威登手袋到酩悦香槟等。在一个星期内，该集团向巴黎的39家医院提供了自产的12吨洗手液，随后又加大生产力度，向全国各地的其他医院供应洗手液。[3]

这种变通方式的可行性在于工厂的设备可以被重新利用。化妆品行业是制药行业的表亲，有时它们使用类似的材料和机器。路威酩轩作为大型企业集团，与其他奢侈品公司相比，拥有更强的供应链掌控力和庞大的原材料库存。洗手液包含三种主要成分：纯净水、乙醇和甘油。这些都是路威酩轩集团用于生产香水、液体肥皂和保湿霜的原料。后两种的黏度与洗手凝胶相似，所以路威酩轩集团可以使用其标准机器进行生产，甚至可以使用自己的塑料瓶罐装。迪奥工厂里用来蒸馏香水的金属罐被用于混合各种成分，而用来填充肥皂瓶的机器则被用来罐装洗手凝胶。[4]

路威酩轩集团在其他时间生产洗手液几乎是毫无意义的，这次的洗手凝胶是该集团有史以来生产的最不豪华、最不优雅、最廉价的产品。然而，在采取这种次优解变通方法时，该公司并不是从利润出发，而是免费分发了这些产品。作为瞄准高端消费群体的公司，此举为该集团树立了精英、奢侈、关注公共利益的企业形象。

平凡资源的非凡用途

次优解可能并不完美或仅仅是权宜之计，但我们看到了这些变通方法在高风险情况下的价值。通过与世界各地的特立独行者和好胜组织接触，我发现在日常活动中，他们对资源的重新利用和组合通常充满了创造性和独特性，而这个过程往往需要在平凡中寻找非凡。

1. 养育孩子需要次优解

蒂昂·罗卡是巴西的人类学家和社会企业家，他自豪地告诉我，他是教育家而非老师："我们的学校是在教学，而不是在教育……很多学校依旧维持着白人化、基督教、选择性，而且循规蹈矩！"罗卡对学校本身并无异议，但他认为学校太过死板，纪律性太强，而且对结合实际的创造性毫无裨益。他补充说，由于一刀切的做法，学校连 1/10 的教育潜力都没能发挥出来。"如果学校的尺码是中号，但男孩需要的尺码是大号，学校就会要求他砍掉一只胳膊。"

在巴西这样一个拥有 4 000 多万学龄儿童的国家，你能想象改变整个学校教育系统时会面临怎样的结构性限制吗？

罗卡创立了一个在过去 30 年里绕开学校体系工作的非营利性组织 CPCD。[5] 它所采用的方法挑战了学校的基本假设：没有教室，没有预先确定的主题或教材，也没有老师。它建立在日常活动的基础上，并利用流行文化开发教育方法。罗卡说："在学校里有校监，而在桑巴舞蹈学校里，只有一个融入其中的导演。"他指出，教育可以是融洽的，而且可以发生在任何地方。他一开始就把孩子们聚集在意想不到的地方，比如果树下。基本前提是每个人都在教和学，这就是为什么他们坐成一圈，没有人占据主导地位。在这些空间里，孩子们不再是被动的，他们提出主题，并创造性地制定自己的学习实践方法。

这个非营利性组织采用一种非常规的方法，绕开国家提供的学校,前往该国一些教育指标较差的城镇。罗卡的方法基于他在莫桑比克时获得的一个想法:"养育孩子需要整个村庄。"[6] 每到达一个城镇,他就会四处搜寻潜力,在平凡中寻找非凡。

他去了一个叫阿拉苏阿意(音译,Araçuaí)的贫困小镇,在那里,96.7%的八年级学生没有达到巴西政府规定的毕业标准,60%的儿童处于"危急状态"。[7]他在该镇创建了"教育重症监护室",他问一位老奶奶能否在解决小镇高文盲率的问题上搭把手。她回答道:"哦,孩子,我只是一个愚蠢的老妇人,我没有什么可教的,这些事情应该由政府负责。"他重新设计了自己的问题:"那您最擅长做什么?"

令他惊讶的是,她说她做的"字母饼干"(被烤成不同字母形状的饼干)特别好吃。在她的帮助下,罗卡创造了"饼干教学法"。罗卡的非营利性组织通过阅读食谱而不是书本,来教导孩子如何进行阅读,如何进行基本的数学运算,以及如何用裱花袋而不是铅笔写字。通过这些次优解,这个非营利性组织并没有教出"卓越"的学生,但它确实迅速提升了原本处于"危急状态"的教育水平。

像罗卡这样的黑客思维或许无法从根本上解决结构性限制,但总能通过一些创意"补丁"缓解现有问题,并将现有资源扩展至可能达到的上限。

2. 一个人的垃圾是另一个人的财富

我们可以在一些不曾期待有价值的事物中找到其非凡之处,

变通：灵活解决棘手和复杂问题的黑客思维

比如饼干和我们所弃之物。这也是工程师托弗·怀特的所想。他重新利用废弃的手机，应对世界上极大的环境挑战之一：非法采伐。

根据国际刑事警察组织的数据，热带雨林中50%~90%的采伐活动是非法的，它是雨林面积减少、气候变化和生物多样性丧失的主要原因之一，也导致土地上原住民的人权被侵犯。[8]不幸的是，大多数雨林位于低收入和中等收入国家，这些国家没有足够的人力和技术资源实时监测这些面积庞大的地区。以世界上最大的雨林所在地亚马孙为例：其面积约为210万平方英里①（相当于约7.7亿个足球场），横跨九个国家。你能想象得到为了防范非法采伐，监测如此庞大、跨辖区，而且难以触及的空间有多难吗？

怀特决定绕过这些限制。用他的话说，他的黑客思维"没有仰仗任何一种高科技解决方案，而是利用了现有的东西"[9]。这个想法萌生于一次加里曼丹岛之行。在那里，他意识到雨林的声音是多么的多元：从鸟儿的鸣叫到猴子的戏谑，再到潺潺的流水声，雨林充满了多样的声音。因此，警卫和护林员很难辨别并确定采伐的地点。但是，如果我们能够将自然界的声音调低，并分辨出链锯的声音，又会有怎样的效果呢？

他意识到，在雨林中的一些偏远地区，即便离道路有数百千米远，也有手机信号覆盖。而且全球每年会产生数亿部废

---

① 1平方英里约合2.59平方千米。——编者注

第四章 次优解

弃的旧手机。因此，他的设想是：利用这些旧手机来"聆听"方圆 3 000 米内森林的声音。这些手机通过太阳能充电，被置于保护盒中，藏于树冠之上，并分布在整个雨林中，以便最大限度地扩大覆盖范围。然后，利用人工智能对声音进行分析，以区分链锯的声音和森林的声音，如鸟叫声、落雨声和树木被风吹动的声音。由于这些手机与网络相连，当它们"听到"链锯声时，就会向护林员和社区巡逻队发出实时警报，告知其采伐的位置，从而使伐木者无所遁形。[10]

怀特利用这一次优变通法，联合创立了雨林保护组织 Rainforest Connection，这个非营利性组织迅速扩展到了五大洲的十个国家。[11] 除了直接阻止非法采伐，该组织还为倡导加强地区保护提供了数据支持。怀特的次优解扩大了打击森林砍伐的范围，展示了如何重新利用世界上最普通的资源来解决复杂的问题。

非凡资源的平凡用途

在平凡中寻找非凡，如饼干和废弃的手机，是创造次优解的一种方式，但反过来说，在非凡中寻找平凡，也可以造就将资源重新用于变通的巨大机会。

在与一位剑桥大学的研究人员交谈时，我萌生了这种想法。他是一位出色的计算机黑客，我在他附近的一个部门工作，有时会溜进他所在的大楼里使用高级咖啡机。我的部门只提供速溶咖啡，而他们的咖啡机却可以通过平板电脑下单馥芮白。他告诉我，有一次做午餐的时候他想煮一个鸡蛋，但他没有水壶或炉子，只有一台精致的咖啡机。我们倾向于从设计功能的完整性来评价技术，他的咖啡机集多种功能于一身：它同时是热水器、研磨机和一个牛奶发泡器。而这一次他忽略了功能的"完整性"，直接利用需要的部分，即热水器，来制作自己的午餐。

这是一个非常粗略的变通方案，但绕开了办公室的局限性。然而，这也标志着在复杂技术中发现平凡应用的潜力。从那时起，我开始研究处于主流边缘的独行侠是如何利用技术以寻找其他用途的。

1. 从无人机到救援

使用无人机送货的想法一直备受关注。许多人认为亚马逊网站应一马当先，也就是说当用户从亚马逊优选订购商品后，会在一小时内收到无人机投递的包裹。这种神奇的技术在亚马逊的大多数运营环境中尚未落地，就已经在卢旺达被广泛用于运送那些高收入国家习以为常的物品了。

世界上大约 1/3 的人口无法获得输血、打疫苗等基本的医疗服务。[12] 交通基础设施薄弱甚至缺位是其主要的瓶颈之一，这阻碍了低收入国家农村地区对急需物资的获取。尽管卢旺达政府致力于改善该国的交通基础设施，但直到 2015 年，该国铺设的道路仅有约 9% 为等级公路[13]，其余都是险峻不平的土路，对于按

第四章 次优解

需运送医疗用品来说，可谓困难重重。如果有人失血过多，所需的血浆等医疗用品必须迅速到位，因为他们可能无法等待数小时。

解决基础设施的瓶颈问题是一项艰巨的挑战，既费时又费力，而且成本高昂。它需要修建更好的道路、建设医疗用品配送中心等集散设施并改善治理和物流。即使这些低收入国家有财政资源来更好地储备医疗设施，保持其充裕以避免短缺风险，但那些保质期短的宝贵资源往往会因此被浪费掉。

硅谷公司兹普来并没有直接面对这些结构性挑战，而是选择巧妙地绕过：它与卢旺达政府合作，推出了世界上第一个商业无人机送货服务。该服务由自主无人机队组成，从集散地迅速将重要的医疗物资运往全国各地。兹普来在收到订单后，平均需要5分钟从其配送中心发射一架自主无人机。这架无人机依靠卫星定位和传感器的引导在卢旺达领空巡航，速度约为每小时62英里。为了避免在目的地降落时造成损失，无人机使用简单的降落伞装置，将装有物资的包裹投放到下订单的医院或诊所附近的预定地点，再由医护人员扫描取货。该包裹由一个绝缘纸板箱作为包装，适用于需要冷藏的物资（如血液和疫苗），而且包裹和降落伞都可以被丢弃。有了这个系统，医护人员不必依赖任何形式的当地基础设施来获得急需的医疗用品。[14]

兹普来不仅通过利用非凡的技术解决了基础设施匮乏问题，而且为将自主无人机网络整合到空中交通管制体系之中创造了一个试验平台，这是推广无人机送货极具挑战性的限制之一。

有了在卢旺达的实践经验，兹普来或将帮助其他国家扩展更多的可能性。该公司直接与基加利国际机场的中央空中交通管制部门沟通，并逐步开发设计理念以支持在美国等空域较繁忙的国家部署无人机。当前，在这些国家使用无人机尚不可行。[15]

2. 未来已来

当我们为非凡技术找到平凡用途时，我们便为集体行动提供了新的机会。比如，一群计算机极客通过线上去中心化的社会运动（Operação Serenata de Amor）与民间团体互动，开发并部署人工智能来调查巴西的可疑公共开支。

实行代议民主制国家的期望是通过选举实现公民参与。公民应将公共事务委托给民选官员和国家机器。然而，这些计算机极客对中央集权机构极度不信任。他们也知道，巴西的调查工作缺乏人力和技术能力，无法识别大多数腐败案件。据圣保罗州工业联合会的数据，巴西的腐败造成的成本可能高达 GDP 的 2.3%。[16]

这个团体绕过国家调查机构开展工作。他们意识到可以通过开发人工智能，利用公开数据来识别可疑的公共支出。2016年，他们创造了一个名为"萝茜"（Rosie）的开源人工智能机器人，它可以使用算法自动读取国会人员的报销单据。在这个过程中，他们在公民和公职人员之间创造了一种开放式接触。

为机器人取的名字反映出，这个团体渴望人们能够坦然接

第四章 次优解

受人工智能的非凡潜力。他们借用了动画片《杰森一家》中处理家务的机器人女仆的名字:萝茜。加拿大裔美国科幻作家威廉·吉布森被誉为赛博朋克亚流派的先驱,他说:"未来已来,只是分布得不太均匀。"巴西的活动人士知道,人工智能是未来,它已然存在,他们想让人工智能的使用变得更加普遍,分布得更加均匀。[17]

拓展可能性的时机已经成熟。通过开放编码库和技术开源,编码变得更容易获得。此外,作为公开披露透明度多边倡议的一部分,巴西政府自2011年起要求所有公共机构公开数据。公共信息可供自由获取、使用和分享。该团体通过GitHub(一个面向开源及私有软件项目的托管平台)吸引了500多名志愿者开发和改进萝茜的算法。其他没有技术知识背景的人也通过社交网络参与这项运动,并传播了这个消息。

活动人士从调查议会活动的报销额度开始,这是一笔可供国会议员按月报销的日常业务支出津贴。因为其数量太过庞大,政府无力核实所有收据:一个小组每月收到的支出报告约为20 000份,而核对程序也属于劳动密集型。通过人工智能,该小组将这一过程自动化,绕过了公共行政部门的资源限制。他们的算法估算了每一笔费用不合规的概率,并证明了其结论的合理性,随后将其报告给负责执法的政府机构。

在部署萝茜大约六个月后,这些算法便确定了8 000多笔潜在的违规开支,其中629笔与当时513名国会议员中的216名有关,他们将这一结果报告给了当局。萝茜发现了许多腐败现象，如虚增发票、伪造公司，以及购买法律没有规定（或允许）的产品或服务，甚至包括一些荒谬的费用，如用公款在电影院购买爆米花。

一位负责审计政府开支的公务员说，这项运动"在一周内发现的可疑费用比当局在一年内发现的还要多"。除了项目的直接影响，该团队还扩展了其可能性边界。由于这些算法完全开源，任何人都可以在此基础上将其用于其他目的，如调查其他国家，甚至公司的腐败。

叠加次优解的力量：比特币的诞生

退而求其次的黑客思维经常出现，并作为主流方式的替代方案获得关注。人们倾向于认为颠覆式的沉重打击会迅速改变一切，但实际情况是，改变往往来自一系列的黑客思维，这些方法逐渐挑战现状，使新的可能性更加凸显并更为可行。让我们看看发生在加密领域的情况，这个领域充满了次优解式的黑客思维。接下来的篇幅将会展示一系列的黑客思维是如何叠加在一起，使我们的通信方式和货币的使用在线上和线下发生了根本性变化的。

或许你还记得在高中历史课上学过，二战期间，英国数学家和计算机科学家阿兰·图灵破解了纳粹的恩尼格玛（Enigma），它是一种被德国军队用来安全发送信息的密码机，为结束二战奠定了重要基础。破译纳粹军队的密码是战争的一个转折点，使盟

第四章 次优解

军能够拦截通信并采取预防性行动。

看到这一点，你能想象冷战期间美国和苏联之间的技术战和密码战吗？

从 20 世纪 50 年代开始，美国国家安全局对国家密码进行保密，并努力破解"敌人"的密码。美国政府主要通过国家安全局，持有某种密码的垄断权。但是，当随性的计算机极客开始在政府之外开展严肃的密码工作时，这种垄断就消失了。他们在努力反抗、监控国家的过程中，拓展了密码学的应用边界，也扩大了参与加密工作的人群范围。[18]

这些人并没有违反规则，也没有任何法律禁止他们从事加密工作。然而，政府和公众却对其持怀疑态度。

直到 20 世纪 70 年代，密码学家大量涌现，他们或绕开美国国家安全局的垄断，或自主工作，或在麻省理工学院和斯坦福大学等大学工作。1976 年迎来了转折点，惠特菲尔德·迪菲和马丁·赫尔曼分别是斯坦福大学的程序研究员和年轻的电子工程教授，他们在一篇题为《密码学的新方向》[19]的文章中描述了"公钥"加密。他们的工作在当时具有非常大的争议。美国国家安全局的一名工作人员甚至警告出版商，迪菲和赫尔曼可能会被判处监禁。但是由于作者没有违反规则，仅仅是绕过了规则，他们没有受到任何不当行为的指控。近 40 年后，迪菲和赫尔曼获得了美国计算机协会颁发的图灵奖，该奖通常被视为"计算机界的诺贝尔奖"，这是因为他们将密码学带出了间谍活动的机密领域，并将其发扬光大。用斯坦福大学计算机科学和电气工程教授丹·博内的话说，"没有他们的工作，互联网不可能有如今的发展"[20]。

以前，用户的隐私保护取决于管理员，他们可以轻易地将信息出售或被政府传唤。迪菲和赫尔曼希望通信内容可以被接收者访问，但要防止未经授权的访问或使用，而公钥正可以做到这一点：只有当发送者拥有接收者的公钥，并且接收者输入自己的私钥时，才能解密信息。

这一发展对极客群体的打击很大。这种黑客思维为信息传递赋予隐私性，并开启了一系列后续的变通。虽然存在的风险很高（一边是隐私，另一边是国家安全），但这种黑客思维并不违反任何法律，政府只是暗中威胁密码学家，而密码学家则优雅地绕开许可范围进行工作。此外，在冷战期间，美国国家安全局也主要关注国际威胁。

当美国国家安全局开始关注公钥加密产生的内部威胁时，如儿童猥亵犯和黑帮分子之间的私人通信，就已经产生了难以遏制的恶果。

随着密码学的发展，那些挑战隐私边界的人开始寻求完全匿名的线上互动。他们希望在线互动中不会留下任何对话、信用记录或电话账单的痕迹，这些目标在一个又一个的次优解变通方案中慢慢地实现。这在当时尤其重要，因为随着在线交易量的增加，人们在网上留下了更多的痕迹。通过追踪这些痕迹，各相关方可以将身份、问题、偏好、信仰和行为拼凑起来。而密码学变通方案恰好提供了限制在线交易可追溯程度的新方法。

20世纪90年代，隐私和匿名逐渐受到重视，随着信息和通

第四章 次优解

信技术的快速发展,极客们以前所未有的新奇方式被动员起来,通过零散的合作者网络,以诸多新颖的方式集结资源,绕过阻碍密码学传播的障碍。[21] 你应该已经猜到接下来我将要讲的故事内容。在过去的 50～70 年,大多数间接行动虽然释放了密码学的力量,但都不具有对抗性。也就是说,这些展开行动的人没有与占据主导的权力发生冲突,他们中的大多数更没有违反法律。他们在政府周边工作,不断追求隐私和匿名的次优解变通方法,逐渐扩展了可能性边界。与此同时,他们也为 2008 年出现的比特币铺平了道路,这是计算机极客寻求的极为著名的变通方法之一。

这种加密货币以及它所依赖的区块链技术是于 2008 年金融危机之后创建的,当时人们对金融机构的不信任和厌恶情绪高涨。极客们经历了一生中最严重的危机,人们负债累累,政府却在为本应负责的大型金融公司纾困。接受各种公共资源支持的公司控制着一个中心化系统,这个系统管理着所有的金融交易:资金、信用评级以及现金流。极客明白,过去曾有许多人试图对抗过这些大型金融公司,但都以失败告终,这些公司似乎一如既往地富有弹性,即使在陷入困境时也会反弹。

通过发明加密货币,极客找到了一种绕过金融系统中心化结构的方法,为成员匿名提供了一种选择,并实现了不留痕迹的交易。

中本聪只是一个化名,可能是一个人或一群人(至今尚未知晓),他注册了比特币域名(bitcoin.org),随后撰写了一篇关于点对点电子现金系统的论文,详细解释了其组成和含义。2009

年初，每个人都可以通过基于抽签策略的系统来"挖掘"数字货币（俗称"挖矿"），并以数字和不可追踪的方式交易比特币。中本聪也挖到了数字货币的创世币，并将其命名为 0 号币，同时分享了一篇关于政府救助银行的文章，大概是在敦促其追随者将比特币视为一种挑战现有金融体系的方式。[22]

这个想法非常具有前瞻性，而且时机也选择得恰到好处，比特币迅速发展了起来。早期的支持者参与了比特币的开发。赛博朋克运动员哈尔·芬尼很早就发现了中本聪关于比特币的提议，并提出开采第一块比特币。一些零售商开始接受比特币，随后更多的零售商也加入进来。[23] 加密货币的增长潜力变得巨大：2010 年 5 月，出现了第一笔使用比特币进行的实物交易，一名来自佛罗里达州的男子花了 10 000 比特币买了两个棒约翰比萨。[24] 我在 2021 年进行的一次查询中发现，比特币实物交易金额已超过 4.7 亿美元。

中本聪选择绕过金融部门的中心化规则，而不是与之发生冲突。这一策略在金融危机后尤为有效：在无法改变金融体系"游戏规则"的情况下，这种方法拓展了更多可能性。更广泛地说，加密货币和区块链扩展了主流权力体系之外的可能性，提供了创造性解决问题的空间。

打破现状，开创先例

次优解的变通方法通常与主流规则和实践并行。但随着密

第四章 次优解

码学的进步,变通和主流之间的区别正在逐渐变得模糊。但并非所有黑客思维都与主流并行。有些会戏剧性地打破现状,开创先例,逐渐影响并改变整个系统。美国露丝·巴德·金斯伯格大法官在她律师生涯中的第一个,也是最著名的案件中就是这么做的。

1. 引人侧目的露丝·巴德·金斯伯格

金斯伯格因其对法律的巨大影响、对民权的捍卫以及在最高法院倾向保守党时提出强有力的反对意见,成为美国乃至其他地区的流行文化偶像。在成为法官之前,她是一位杰出的学者和女权诉讼律师。

她在通往妇女权利保障的道路上是曲折的。尽管她的学术资历无可挑剔(她是第一位同时登上《哈佛法律评论》和《哥伦比亚法律评论》的女性,1959 年在哥伦比亚大学的法学院以全班第一的成绩毕业),但当时纽约没有一家律师事务所愿意雇用她。正如她自己所说,"我是犹太人,一个女人,还是位母亲。第一条让人迟疑,第二条让人瞠目,第三条让人无法接受"。

她后来几经辗转,多次更换临时性的工作,最终在罗格斯大学法学院找到了一份长期工作,在那里她逐渐积累了性别平等方面的专业知识,更具体地说,是妇女权利保障方面的知识。[25] 她在演讲中经常引用著名的废奴主义者、平等权利倡导者萨拉·格里姆克在 1837 年说过的话,"我不求女性能够获得什么额外的好处，我所求的仅是让男人把他们的脚从我们的脖子上挪开"[26]。这句话不仅反映了她的学术立场，也表明了她作为一名女性在以男性为主导的职场中的经历。

20世纪60年代，她潜心研究女权主义文学。她阅读了女权主义的基础性著作，并逐渐受到瑞典女权主义影响，认为男女必须承担同等的赡养父母的义务，承担相同的工作责任并获得应有的同等报酬。当她在罗格斯大学法学院的学生请求她开设关于妇女和法律的课程时，她在一个月内读完了所有关于妇女权利的联邦法院和许多州法院的裁决。据她说，"这并不是什么了不起的壮举，因为相关内容非常少"[27]。

金斯伯格非常清楚，法律制度是不公平的，她也知道，与性别歧视做斗争是艰难的：性别不平等在法律和社会观念中根深蒂固。当由既得利益者决定如何解释法律时，又怎么能推翻法律中的性别歧视呢？虽然美国最高法院由男性组成，但司法系统的主流论调却是女性受到了偏袒。

金斯伯格知道那些当权者不仅害怕失去特权，而且他们认为妇女是享有特权的人，她们得到了好处却没有分担责任。因此，从他们的角度来看，对妇女的歧视是有道理的、合法的。

变革的时机已经成熟。在罗格斯大学法学院，金斯伯格开始处理歧视妇女的案件。例如，在诺拉·西蒙的案件中，她为这名前学生提供协助，这位女性在生完孩子后无法重新入伍，尽管她已将孩子送人收养。这些小案件帮助了像西蒙这样的女性重新加入部队，但金斯伯格知道它们并没有改变法律中的大

第四章 次优解

部分内容。

金斯伯格的第一个知名案件也是一个巧妙的次优解案例。金斯伯格的丈夫马蒂是一名税务律师,偶然发现了查尔斯·莫里茨的案子,并将其转交给了她。她最初对这个税务案件没有兴趣。但当她意识到这是一起针对男性的性别歧视案件时,她知道莫里茨可以推翻整个基于性别歧视的法律体系。为什么这种黑客思维有如此之愿景?如果她能证明制度性的性别歧视也会使男性处于不利地位,即他们没有受到偏袒,也不会被视为占尽好处的脆弱个体,那么她就可以为女性开创一个先例。[28]

莫里茨是个单身汉,他在出版社的工作需要经常出差。他为其89岁的母亲支付的看护费被拒绝减税,只因为他是一个单身男人。这之所以是一个性别歧视案例,是因为在同样的情况下,单身女性有权获得减税。哥伦比亚大学法学教授苏珊娜·戈德堡解释说,这体现了当时美国法律体系中的性别歧视,"这项税法试图为那些不得不照顾家属的人提供利益,但他们无法想象男性会这样做"[29]。

金斯伯格夫妇在此案中合作,在第十巡回上诉法院担任辩护律师,该案于1972年11月达成判决。[30] 马蒂是税法专家,露丝是性别法专家。他们说服莫里茨提出上诉,并承诺即使政府提出和解也要开创一个先例,而金斯伯格在说服美国公民自由联盟的负责人后,获得了该联盟的支持,因为她发现了"一种可以用来测试性别歧视是否违反宪法的巧妙方法"[31]。

在莫里茨诉国内税收专员案的整个过程中,金斯伯格夫妇采取的策略是迂回的。他们绕过各种限制，避免直接对抗，避免与全员男性的法庭环境和其抱有的歧视性思维发生冲撞。他们将注意力集中在莫里茨的案件上：对法院来说，这看似是一个低风险的案件（护理费用最多也只扣除600美元的税款），而非剑指美国法律中普遍存在且对女性影响最大的性别歧视案件。[32]

对方律师是副检察长埃尔温·格里斯沃尔德，他也是金斯伯格夫妇在哈佛大学法学院的前院长，他采取了对抗性策略。他的法律团队提出，莫里茨案关系到"美国家庭"的未来，支持莫里茨的裁决可能使数百条基于性别的法规失去稳定的法律地位，损害国家的社会结构。他试图诱导全员男性的法庭产生恐惧和隐藏的偏见[33]，例如，他认为该案可能导致孩子从学校回来后无法找到母亲，同时女性涌入就业市场会拉低国家工资。

变通策略对对抗型的对手尤其有效。在以金斯伯格为原型的传记式法律剧《性别为本》（*On the Basis of Sex*）中，扮演美国公民自由联盟领导人的梅尔文·沃尔夫在一次模拟审判中指授金斯伯格淡化其对女权的热情："听着，你要么把矛头只指向一个人，要么你就等着败诉吧。在法官眼里你说的不是抽象的女性，而是他们的妻子，她们可能正在家里烤牛腩。"马蒂接着强调了这种迂回战术的必要性。他告诉金斯伯格，即使面对一个能点燃她情绪的问题，"你也可以婉转点：女性应该当消防员吗？恕我直言，法官大人，我没有想过，因为我的委托人不是一名消防员。你也可以转移话题：尊敬的法官，本案并不是在说消防员，而是纳税人，纳税总不需要纳税人天生具备男子气概吧。或者开个玩笑：法官大人，能把孩子成功养大的人，可不会被区区一座着火的建筑吓倒。然后把他们带回案子上来"。

这就是他们在法庭上的表现。加州大学圣芭芭拉分校教授简·谢伦·哈特说，在莫里茨案的审判中，金斯伯格"会试图进行说服，而不会对抗或情绪化，但她会试图让法官们看到，在类似情况下，男性无法获得女性可以获得的福利是不公正的"。最终这个案子他们胜诉了。丹佛市第十巡回上诉法院一致推翻了税务法院的裁决，并裁定，税法做出了"完全基于性别的令人反感的歧视"，因此构成违宪。[34]

2. 推翻基于性别的歧视制度

金斯伯格和她的丈夫成功地开创了一个历史先例，即基于性别的不平等待遇是违宪的。通过这种黑客思维，金斯伯格打磨并分享了自己的基础论点。1971年春，她向美国公民自由联盟邮寄了一份简报，其中包括几个月前她为莫里茨一案提出的关键论点。美国公民自由联盟的律师艾伦·德尔此时即将在最高法院为里德诉里德案[35]做辩护准备。萨利·里德没有获得管理其已故儿子遗产的授权，只因为她是个女人。这个被金斯伯格称为"莫里茨孪生案"的案件，是最高法院第一个以歧视妇女为由推翻州法律的重要案件。[36]

1972年，这两起为男性和女性辩护的案件为金斯伯格随后的许多成就开创了先例。有趣的是，在莫里茨诉专员案中，由

变通：灵活解决棘手和复杂问题的黑客思维

于其对手认为该案使美国家庭的未来岌岌可危，反倒让性别权利律师和活动人士在后续几年里轻松了许多。针对第十巡回上诉法院的裁决，埃尔温·格里斯沃尔德向最高法院提起上诉，声称莫里茨诉专员案的结果可能会给大量联邦法律"蒙上一层违宪的阴影"。为了支持这一说法，他拿出了一份清单（据称出自国防部的一台计算机），列举了美国法典中包含的基于性别参考的876个条款。[37]

格里斯沃尔德所做的，正是对手在输给变通战术时经常做的事情：他们大发雷霆，没有意识到他们的势头和努力将被用来对付自己。格里斯沃尔德的团队恰巧给金斯伯格以及与其志同道合的律师、政治家和活动人士提供了一份从美国法律体系中清除性别歧视的蓝图。

这个方法无须像以前那般迂回曲折（涉及教育法官和回避隐藏偏见）。在这场审判过去一年后，金斯伯格撰写了一篇文章，其中有一节题为"法官的表现差到令人厌恶"，这反映了她策略的改变。[38]如今，性别权利律师、政治家和活动人士可以更加直接。有了莫里茨案和里德诉里德案的先例以及手中的蓝图，律师可以逐一处理清单中列出的876个条款，既可以敦促国会修改法律，又可以对法院基于性别歧视的判决提出异议。金斯伯格表明，在避开障碍时，我们首先要做的是力所能及之事，而且次优解会更为持久地改变社会对可行、可取和可期之事的认知。

第四章 次优解

何时选用次优解

次优解是可以快速解决问题的独特修复方案，有时也可为结构性变化铺平道路。它们需要运用手头可支配的，而非理想的资源，如旅行电源转换器或路威酩轩洗手液。饼干教学法和雨林连接的例子说明如果我们愿意用新的眼光来看待平凡事物，就会发现手上的饼干或废弃的旧手机也可以重展宏图。

有时，次优解意味着将一个系统拆解为各个组成部分，如在一个高级咖啡壶中煮鸡蛋，或者需要将高科技干预手段应用于一个意想不到的地方，如无人机送货。无一例外，使用次优解意味着为了追求眼前的目标而回避复杂性。在巴西发现可疑公共开支的机器人萝茜以及密码技术的发展，都是与主流并行的、看似微小的干预能够产生重大影响的例子。金斯伯格在性别歧视诉讼方面的做法表明，次优解可以开启判例，并能传承接续，从而进行更为持久的变革。

次优解展示了所有黑客思维的一个共同特质：当最明显的解决方案失败或不可能执行时，它们就会发光。好胜组织和特立独行者利用有限的资源，向我们证明了前进的最好一步往往不是专注于理想，而是将注意力集中于容易被忽视的可用机会上。即使有些资源通常以我们容易忽视的方式存在，或者挑战了我们的思维方式，但它们总是可以被我们支配。好胜组织会重新利用和挖掘资源，并从非常规的使用中获益。就像把新玩具送给婴儿，但看着婴儿玩包装纸多于玩玩具时，才会知道结果虽与初衷不同，但仍然能使婴儿快乐。

次优解不一定是直接的"完美"解决方案，从而满足一对一替换；相反，它们是在绕过障碍并尽可能地推动工作。有时这些创造性、过渡性的微小闪光，会在看似不可逾越的挑战中开辟全新的可能性并照亮前进的道路。

第二部分
黑客思维的应用

黑客思维充满智慧、出人意料且经济有效。在第二部分中,我们开始将第一部分的故事以及你的故事,与你的工作相结合。我们将从概念化的内容转向更实质的内容,反思如何培养变通的态度,如何培养正确的心态来寻找和探索变通,如何在不同的环境中构思变通,以及如何让组织更容纳变通。

首先,我们将批判性地反思越轨的价值,并进一步思考黑客思维如何能够使我们有效而优雅地偏离各种惯例,既包括明确的规则,也包括隐含的规范。新观念本身并不能帮助我们应对挑战,本部分将深入探讨如何让这种新观念帮助我们重塑对信息、资源、机会和自身的认知,以及如何运用黑客思维帮助我们快速尝试、接纳富有成效的失败,并重复这一过程,而非只一味地进行有条不紊的评估并制订应急计划。

其次,本部分将使用第一部分学到的四种黑客思维,思考如何通过搭建模块来构思变通方法,如何将头脑风暴中的新想法付诸实践。

最后,我们将在分析战略、文化、领导力和工作关系的同时,探讨开发黑客思维所带来的挑战和机遇。

第五章

变通的态度

我的母亲是一名心理分析学家。在青少年时期，我的朋友们总是通过直接冲突的形式来对抗父母定下的规则。我也尝试如此，但这显然在我母亲面前行不通，她只需轻抬眼皮，就能提醒我谁才是家里的老大。随后，我发现只要使用一些从母亲书本里寻来的心理学术语，例如一些专有名词或解释，就能让我逃避惩罚。我把所做的坏事归咎于这些心理原因，例如我的"无意识表现"或者我的"杀手本能"。我的母亲只会取笑并且打趣我的用词，或者进一步向我解释为什么用错了这些名词。但无论如何，这些小把戏成功地让她忘记了对我的惩罚。

我们这个世界充满了各种离经叛道的人。其中一些人被监禁，而另一些人则能逍遥法外。我在第一部分介绍了一些有关后者的故事，解释了这些人是如何成功绕开那些束缚他们的阻碍的。尽管有些做法在某种程度上存在着道德瑕疵，但确实快速有效地解决了各种各样的复杂问题。

在阅读第一部分时，你也许难以接受我所提到的一些变通案例。当所有人都蓄谋变通规则时会发生什么？当变通成为经验法则时又会发生什么？

人性驱使我们循规蹈矩，并批判那些违反规则的人。因此，大多数人认为，这个世界需要更多的规则和惩罚来约束"离经叛道"之人，但我认为我们恰恰缺少这种叛逆精神。

在这一章中，我将介绍五种让我们变得更加叛逆的思维激励方式。第一，循规蹈矩并不会一帆风顺。第二，我们往往没有察觉到是哪些规则阻碍了我们。第三，规则是一种权力的运用。第四，批判叛逆精神将带来更大的危害。第五，叛逆并不等同于违抗规则，而是更具可塑性。最后，我将梳理不同的黑客思维方式，并且向大家解释为什么变通能够帮助你"偏离"得更加优雅且高效。

循规蹈矩并不会一帆风顺

我们常常会认为遵规守纪是基本准则，这个社会需要一些强制规则来约束我们，从而避免伤害他人。但为什么我们会认为遵守规矩是防止彼此伤害的最好方法呢？

1. 社会契约论

精神分析学派创始人西格蒙德·弗洛伊德在他的著作《文明及其不满》中明确阐述了我们每个人都有伤害他人的天然倾

第五章　变通的态度

向。他在书中写道："人类并不是温和的动物,他们不只是渴望被爱……对于人类来说,他人不仅仅是潜在的帮手或者性对象,他也是人类满足自己攻击欲望的对象。人类渴望无偿压榨他人的工作能力,违背他人意愿向其实施性剥削,谋取他人财产,羞辱他人,伤害、折磨甚至杀害他人。"弗洛伊德继而发问:"在基于个人生活和历史经验的情况下,谁能有勇气质疑这一论断?"[1]

根据弗洛伊德的理论,人们有一种倾向于伤害他人的本能,他并不是第一个有这种看法的人。拉丁文中有一句古老的谚语:"人心狠,人吃人。"[2]这些广为流传的言论也从侧面为托马斯·霍布斯和让-雅克·卢梭等政治哲学家提出的社会契约论提供了某种依据。社会契约论认为:为确保能生活在一个和谐安定的社会,人们必须向国家牺牲一部分个人自由,以确保国家权力能够创造和实施一些规则来保护社会的平稳运行。

这听起来是不是很有道理?我们已经习惯于服从法律并清楚违抗法律会受到惩罚。我们知道如果没有法律惩罚,那么社会将会处于无序的混乱当中。社会契约论让我们相信遵守规则一定是对我们有利的。对规则的无条件遵守是人类文明的一部分,遵守规则也会遏制人类的兽性,弱化人类想要伤害他人的天性,由此构建人类文明。

我们确实会受到动物本能的驱使,但为什么我们会认为野蛮的本能超越了我们其他所有的天性和不良行为呢?

2. 如果规则不平等

相比较而言，伤害他人只是动物本能中的一种，它所掩盖的远比揭示的要多。我们确实会受动物本能的驱使，就像人类的从众本能令我们像绵羊一样喜欢成群结队；男女差异让我们的社会与狮子一样，雌性需要捕猎和照顾幼儿，负担着远高于雄性的重任；社会本能让我们像蜜蜂一样，成千上万的工蜂只为了照顾蜂后的生产。

对于服从和叛逆，有一种更好的方式是将我们和机器进行对比。服从意味着我们需要遵守规则，就像机器会服从于系统编程，而这意味着我们并没有理智地思考自己的可选项和采取的行动。这样简单的对比会让我们明白，叛逆才是人类文明的体现，才是让我们从自然界中脱颖而出的原因。

对人类最大的伤害往往是由那些遵守规则体系的人施加的，这就是我们需要改变社会契约论的原因。人类倾向于不假思索地遵守规则，包括那些会带来巨大伤害的规则。想想奴隶制的形成，我们曾经合法地剥夺了他人的基本权利并且将其占为己有。我们不难回忆起人类曾经的很多行为在今天看来相当不妥，如果我们深入思考一下，就会发现这些事情在今天也时有发生。不同于我们的预期，历史会不断地重复曾经发生过的事。故事的主角和内容也许会改变，但它的内涵始终如一，服从于不公平的规则终将给人类社会带来伤害。

3. 盲目服从的危害

大屠杀的幸存者汉娜·阿伦特是 20 世纪极具影响力的政治理论家之一。1961 年，她为《纽约客》报道了纳粹高官阿道夫·艾希曼的审判[3]，让人们对盲目服从的可怕后果瞠目结舌，随后她出版了《艾希曼在耶路撒冷：一份关于平庸的恶的报告》[4]一书，详细讲述了故事的来龙去脉。

艾希曼在阿根廷被逮捕，他被指控在集中营里对犹太人进行大规模监禁和屠杀。纵观整场审判，阿伦特指出，与其说艾希曼是一个变态的怪物，不如说他是一个只会盲目服从于规则的愚蠢官僚。用她的话来说，艾希曼是一个"平庸到令人发指的人"，他的罪恶来源于盲目服从而不是杀人的欲望。[5] 阿伦特提出了一个著名的观点——"平庸之恶"，用来解释即使是令人发指的罪行也可以被这些规则的服从者在道德上毫无压力地实施。[6]

我们将艾希曼的失败归罪于他不假思索地无条件支持纳粹的暴行。但如果我们也处在艾希曼的位置并且服从权威，我们是否也会做出相同的选择？

4. 令人震惊的结果

受阿伦特对于艾希曼审判报道的影响，耶鲁大学教授、美国社会心理学家斯坦利·米尔格拉姆在 20 世纪 60 年代实施了著名的米尔格拉姆服从实验。他发现，即使人们明白自己的所作所为在伤害他人，但还是倾向于服从规则。他设计了一个角色扮演试验，志愿者必须遵守试验规则并且向他人实行电击。试验结果令人震惊，即在明知他人会受到电击伤害的情况下，志愿者还是按照规则要求逐步加大电量。65%的志愿者完全执行了规则，将电压提高到可以轻易杀死人的450伏；35%的志愿者并没有完全按照规则行动，但还是将电压增高到300伏左右。[7]

这次试验和其他许多研究一样，证明了即使在事后我们清楚地意识到道德的边界在哪里（不能电击他人），我们基本上也都是服从者。米尔格拉姆服从实验展示了我们心甘情愿服从权威的程度，那些"怪物"与我们并无不同。

像"这只是我的工作"或者"我只是在遵守规则"这种用来狡辩恶劣行为的借口，我们已经不知道听过，甚至说过多少次了。真正的问题在于，当我们盲目接受所谓的权威规定或者惩罚时，事实上忽略了规则的公平性。换句话说，无条件服从规则，从一开始就不一定是正确的，那么违反这类规则也就不再是一种错误。

我们总是忽略那些会拖后腿的规则

我们会屈服于规则，并不是因为我们自愿如此选择，而是因为规则迫使我们这么做。规则具有目的性，它帮助我们在日常生活中逃避思考和推理带来的认知负担，它告诉我们如何无

第五章 变通的态度

须思考地按章办事。规则具有预测性和相似性，这恰恰使我们忽略了它拥有潜移默化影响思维和行动的能力。[8]

1. 显性规则和隐性规则

规则可以是多种多样的，从权威法律到传统习俗，它们都在潜移默化地影响着我们的思维和行动。正如高速公路限速一样，我们常常会认为规范性的法律法规需要由国家实施监督，但这种强制性的规则并不仅限于国家。再比如，许多青少年的父母禁止孩子打耳洞，教会要求未婚牧师远离性关系，如果我的报告用不规范的方法收集、分析数据，那么学术编辑就会禁止我发表文章。这些规则有一部分是广为人知的，另一部分则是心照不宣的。无论规则规范与否，权威都会持续不断地发出提醒并实施这些规则，所以我们十分熟悉这些规则，并加以遵循。

与权威规则相比，传统习俗对我们的社会规则影响更深。正如法国哲学家皮埃尔·布尔迪厄所说的那样："重要的事情总是不言自明，因为它们本身就不必明言。"[9] 这些社会规则很多是无形的，会潜移默化地引导我们的关系。大多数规则是值得遵守并遵从的，但并不总是有所裨益的。我们越是依赖或遵循这些规则，越是会让我们丧失替代性思考的能力。

想一想你在不同场合的不同表现，你和朋友在酒吧喝酒的时候、和同事在单位工作的样子、和家人在家的状态或者自己独身一人在俱乐部的时候，这些地方并没有明确规定你必须在酒吧里很开心、在工作中保持清醒、在家关爱他人或在俱乐部活动时充满热情。但我们或多或少会在心里默认并遵守这种潜规则，毕竟没有人愿意过分独立于人群之外。

2. 规则的背景

社会规则并非千篇一律，而是取决于规则所处的环境。我们可以通过美国经济学家、诺贝尔经济学奖得主道格拉斯·诺思的设计来思考社会规则会如何影响我们。诺思因在制度变革方面的研究闻名遐迩。任何游戏都有"游戏规则"来规范玩家在各种情况下的行为活动。[10] 以 NBA（美国职业篮球联赛）为例，正式的成文规则如比赛时长、每队球员的数量、犯规行为等都会被裁判强制执行。但还有一些习惯性规范，哪怕不被球员严格遵守或被裁判强制执行，它们在球场内外依然十分重要。例如在 1991 年 NBA 的东部决赛中，为了不向冠军芝加哥公牛队表示祝贺，底特律活塞队的成员在比赛结束前的几秒钟就提前离开了赛场。篮球比赛的粉丝在几十年后仍然记得这种不尊重运动员精神的行为。

正如运动比赛一样，我们在不同的环境中参与各种游戏。不论规则正式与否，是强制性的还是习惯性的，它们总是被捆绑在一起，影响着我们的观念、行为和对他人的期望。[11] 人们很少努力去解析那些会影响自己行为的规则，因为这些系统性的

第五章　变通的态度

规则能帮助我们在极短的时间里了解周遭的环境。而即使我们没有注意到这些规则，它们也在慢慢地塑造我们对于某些事情的看法。换言之，规则变得如此之普遍，以至于我们不会怀疑其合理性，更不会将反抗规则视为一种选择。

规则给了我们认知上的捷径，这是一种心理经验法则，帮助我们不假思索地快速做出决定。无论我们愿意与否，它都能减轻决策带来的认知负荷。[12]所以，在大多数情况下，我们对于规则的遵守是下意识的。而这也是需要一些叛逆精神的原因，它允许我们进行批判性思考。我们是会墨守成规，还是会开拓创新呢？

规则激发权力

从众可能会带来危害，而叛逆精神可以解放思想。还有一个从法国哲学家米歇尔·福柯那里借鉴而来的原因。根据他的说法，每一段历史都有自己的"旋律"，这些旋律来自主导且隐晦的假设，它们决定了我们可能或可以接受什么。它们影响着我们的价值观、了解世界的方法和秩序规则，进而影响着我们应该如何理解这个世界。这些假设不存在真假之分，更多的是其科学与否。这一点十分重要，因为这些意见会为加强社会秩序以及权力的行使提供科学合理的解释。

在《疯癫与文明》一书中，福柯揭露了"疯子"这一被污名化的科学用词，它常常用来形容穷人、病人、无家可归者等在18世纪的法国社会被排斥的和边缘化的成员。这些不符合统治阶级道德、意识形态和生产利益的"疯子"被归类为"外人"和"无可救药之人",如不守规矩的学生、怠工或反抗老板的工人、惯犯、妓女、同性恋者和赌徒。普通的纪律机构(如学校、工厂、教堂等)无法让他们成功融入主流社会。福柯表示,现代精神病医疗通过声称"科学中立"掩盖了社会对个体的强大控制手段,从而摆脱了那些不受欢迎的人,换句话说,科学知识证明了强迫他人服从纪律规则的合法性和正当性。[13]

福柯的研究听起来可能抽象难懂,让我们来看另一个历史故事。1958年,密西西比州杰克逊市的奥尔康州立大学教授小克莱农·金在申请密西西比州立大学的研究生院后被强制送进了精神病院,因为法官裁定,黑人必须"精神失常"才能相信自己被大学录取。不公正的待遇促使金开始长期为黑人民权奋战,包括他竞选美国总统的一系列行为,为他赢得了"黑色吉诃德"的绰号。[14]金不仅被这种强加的、不公正的潜规则排斥在主流之外,而且他试图挑战偏见和规则的行为也遭到了其他人的嘲笑。

这并非个例。"令人讨厌的事"比我们想象的要普遍很多。举个例子,用"疯子"或"歇斯底里"来形容女性,从而最大限度地减少她们对社会的不满和反抗,让她们保持沉默或羞耻。基于社会主流意见将他人边缘化,是一种常见的、微妙的加强秩序和控制的方式。"疯子"提升了当权者的社会地位,让其获得利益,让他们在为权力失衡正名时,利用"科学中立"占据

第五章 变通的态度

道德制高点。

这并不意味着"疯子"并不存在。福柯并不在意科学观察是真是假，他在意的是这类信息假设源于权力，同时也成就了权力。虽然，它们帮助我们对世界进行分类并加强了社会秩序，但这种假设也创造并巩固了现有的特权地位和不平等的社会等级制度。[15]这种模式使有权有势的人能够将对自己有利的设想转化为社会规则，从而获得比付出多得多的利益，甚至有时这些掌控规则的人会以掠夺他人的方式来使自己受益。

"疯子"并不是唯一用来否定挑战权力结构的尝试的标签。你可能还听说过新自由主义经济学家，他们将自由市场资本主义放在首位，并经常鼓吹经济自由化政策，如放松管制和缩紧政府支出。他们认为"市场规则"是经济增长和繁荣的唯一途径："看不见的手"会为我们的利益调节市场，而政府干预只会损害社会福祉。但当市场经济等假设被视为天经地义的时候，我们可能会忘记问为什么这些规则会存在，而谁又从中受益。

按照这些经济学家和主流社会的说法，市场是无所不知、自我校准的，政府干预是不合法甚至是有害的。然而，如果我们只从表面上看这些言辞，就会忽视权力是如何通过这一科学性规律发挥作用的。思考一下，世界上最富有的 26 个人所拥有的财富相当于最贫穷的 38 亿人所拥有的财富[16]，在这样一个世界里，将放任自由的经济政策视为命中注定，谁会真正从中受益呢？

我们很难找到机会去挑战现行的社会科学规则。由于社会主导群体的价值观和利益往往被伪装成科学中立，所以当人们想要去挑战它时，往往会处于弱势。例如，如果你认为收入不平等正在加剧，并因此对缩紧经济政策提出异议，那么你就做好准备接受"市场规则"管理"经济运行方式"的告诫吧。

当假设成为规则，权力的运用就变得精巧有效，而"局外人"在这种权力结构下也只能对自己命运的无能为力表示顺从。因此，解析社会知识假设，并揭示它们所掩盖的价值观和利益至关重要。只有这样，我们才能与剥夺合法权利的规则做斗争，积极对抗社会不公平。

批判叛逆精神会带来更大的恶果

我们已经研究了规则如何使当权者受益，却不一定会对我们的安全进行保障，那么我们是否还应该谴责那些不遵守规则的离经叛道者呢？

1. 纪律和惩罚

在讨论我们应该怎么做之前，先看看福柯的研究已经做了哪些事情。在《规训与惩罚》一书中，他考察了监狱是如何成为最基本的社会控制机构的。监狱系统建立于启蒙运动之后（也是社会契约论的形成时期），被视为公开酷刑和处决的改革性替代措施。因此监狱系统被视为一种更人道的维护社会秩序和福利的新方式。

第五章 变通的态度

福柯认为监狱系统作为一种维护秩序和纪律的手段更加温和高效。在中世纪，惩罚的目的是激起潜在不法分子的恐惧，以展示统治者的最高权威。但这种手段有时会遭到反噬，罪犯可能会变成一种英雄或烈士的象征，就像统治者和刽子手会被视为坏人一样。而监禁系统则代替公开处刑避免了这一问题，监狱系统不会将它的残酷显露出来，统治者也规避了上述风险。人们不会像以前一样，在大庭广众之下看到囚犯哭泣、流血、乞求宽恕，取而代之的是将囚犯封闭起来，慢慢地剥夺其作为公民应有的权利。

福柯认为这种潜移默化的稳定手段高效异常，它已经拓展到了如医院、学校、工厂等社会的方方面面。如今，重复性技能、行为、时间、速度和监控对我们的约束远远超过了武力：学生必须在课堂上遵守规范，工人必须服从领导的安排，病人必须听从医生的医嘱。换言之，我们的一言一行都被严格规范并受到监控，我们必须毫不置疑地服从专业权威。

此外，在这种模式下，当事态恶化，也不会有人承担责任。这就是为什么监狱系统是一种非常有效的惩戒手段：我们可以将犯罪归咎于个人，但不能将惩罚归咎于某一个人。[17]比如谁应该为错误定罪负责呢？我们可以指控法官、警察、证人、律师、受害者、法医甚至是总统。但是，不同于我们可以将公开处刑这件事归咎于统治者或刽子手个人，我们无法把一个人因误判而进监狱这件事归咎于某一个具体的人。

2. 边缘化

正如服从规则不是我们唯一的选择，我也相信个人行为不总是社会弊病的根源。当一个人违反规则时，我们常常只看到其个人的错误，却没有想过也许他只是遵循了另一套规则，这套规则虽然未被编入法典，但在不同的环境中仍然可容、可取、可行。

我们倾向于将罪犯视为威胁社会生活、违反社会契约的叛逆者。毕竟，我们都看过关于精神病患者的大片，就像汉尼拔博士在《沉默的羔羊》中所说的："我就着蚕豆和酒，把他的肝脏吃掉了。"这类电影是如此令人难忘和着迷，以至于我们忽视了精神病患者在统计上是多么微不足道。按照监狱学者和活动家露丝·威尔逊·吉尔摩教授所说，我们真正惩罚的越轨者并不是这类人。基于监狱人口的统计数据，她在《金色古拉格》一书中表明，充斥监狱的并不都是些无法控制兽性的、与众不同的恶徒，而更多是被社会遗弃的人。[18]

将复杂问题归咎于个人是不准确的，这会将我们的注意力转移到个人身上，从而忽视了最初导致问题的成因。这种做法只会引起弊大于利的自我强化的恶性循环，最终适得其反。我们越是指责个人错误，就越容易忽视问题的根本。当我们将视线放远，会发现根本原因正来自各种正式或非正式的，权威或习惯性的规则，这些规则决定了我们的思维行动方式以及社会对我们的期望。因此，与其指责他人，不如更进一步地审视和

第五章　变通的态度

检查已制定的"游戏规则",这会对维护社会秩序起到事半功倍的作用。

独辟蹊径不等于对抗规则

　　人类总是习惯于墨守成规,但这并不意味着我们天真且盲目地遵守规则。为了了解叛逆精神的真正含义,我们必须明白对抗规则并不是服从规则的反面。对抗规则是对现行制度的公然挑衅,而现行制度也会以同样的方式报复回来,相比之下,独辟蹊径从某种意义上来说则更为巧妙。正如我们在第一部分讨论过的变通方法,所谓独辟蹊径的处事方式更像是利用现状中有效的部分(无论是有意或无意)来改变无效的部分。

　　我听过一则故事,讲的是一位很受欢迎的高中化学老师,在开卷考试前要求学生必须携带一张标准打印纸,并告诉学生:"在这张长11英寸[①]、宽8.5英寸的纸上的任何东西都可以用来帮助你通过考试。"有些人忘记了老师的话,空手而来参加考试。但大多数人利用了这条规则,尽可能多地将公式写在了这张纸上。而有些人则认为,即使他们使用稍微大一些的纸张也不会被发现。毕竟谁能用肉眼分辨出几毫米的差别?但老师预见了这种钻空子的心理,并对每个同学带来的纸进行了测量,将多余的部分撕下。有一名学生选择独辟蹊径,她将一张长为11英

[①] 1英寸合2.54厘米。——编者注

寸、宽为 8.5 英寸的纸铺在地上，并让老师在考试期间站在那张纸上。老师对她的机敏印象深刻，默认了她的行为，并在考试期间悄悄回答了她的问题。我不知道这个故事是真是假（我怀疑是假的），但它完美概括了独辟蹊径的特征：注意力集中、好奇心重、略带厚脸皮，而这并非不听话。

现在我们将通过一些"钻空子"的案例来更仔细地研究反抗规则和独辟蹊径之间的区别，我会说服你用更平和的心态来看待叛逆。

1. 作弊的代价

你可能还记得兰斯·阿姆斯特朗是如何跌落神坛的。他被美国反兴奋剂机构指控参与"系列作弊"，这也是运动领域有史以来极其复杂的兴奋剂案件之一，他也因此被剥夺了七个环法自行车赛冠军头衔，且声誉受到了严重损害。[19]作弊在我们日常生活中并不罕见。1964年发表的一份关于作弊的大规模调查报告显示，美国99所大学中，有3/4的学生曾经有一次或多次学术不端行为。[20]

作弊行为不仅发生在体育竞技和课堂之上。2005年，发表在《自然》杂志上的一项研究发现，1/3 的科学家在实验研究中存在问题，这些不当行为包括伪造数据和更改实验结果以取悦资助机构等。虽然众多科学家违反了与实验方法严谨性和透明度有关的规定，但只有极少部分人被追究责任。[21]我们所知道

第五章 变通的态度

的最严重的案例当数美国哈佛大学进化生物学教授马克·豪瑟的研究，他被指控捏造数据、操纵实验结果和错误描述实验过程。[22] 更为有趣的是，在十多年前，他发表了一篇名为《欺骗的代价：骗子在恒河猴身上受到惩罚》的文章。[23]

为什么对于规则的反抗如此普遍？更重要的问题是它会在什么情况下发生？我会回答这些问题，但首先让我们一起做一个思想实验。

2. 你会作弊吗

假设你在大学参加一场重要的考试，并且与其他学生竞争一个奖学金资格，那么你会作弊吗？

也许你会斩钉截铁地回答："不会！"但情况并非总是如此。如果你从一位同学那里听说教授无法忍受学校惩罚作弊的这种长期的官僚程序，因此他们决定直接无视任何作弊行为；如果你得知对于作弊的惩罚规则没变，但是执行情况如此宽松，你会作弊吗？

或许你仍不愿与那些人同流合污。那么，如果你快速扫视了房间一圈，发现你的竞争对手也在作弊，因为他们知道这不会受到任何惩罚，而你不作弊就将处于无法挽回的劣势，那么这会让你选择作弊吗？

突然之间，作弊仿佛变得合理起来，对吧？正如一项知名的行为经济学研究所展示的那样，"如果我们可以骗过自己的内心，那么用不诚实方法来获利的行为就再正常不过了"[24]。只要不会在人群中显得突出，我们或多或少都会有点叛逆精神。

3. 独辟蹊径比反抗更有效

这就是为什么区分独辟蹊径（一致性的对立面）与反抗规则（服从的对立面）如此重要。如果不遵守某些既定规则可以让游戏更加公平，并在道德上可取，那我们就与现实的"游戏规则"保持一致。这就像是小孩子在犯错和恶作剧时会下意识地说："妈妈，其他人都是这么做的！"通过提及我们与众人的一致性，这种反抗好像也变得合理起来。

试着回想一下你在日常生活中的叛逆行为，就会发现反抗规则在很多情况下是常见的。在不同的环境中，只有与常规或标准做法与众不同时，这种反抗才是独辟蹊径的变通。

为什么应该更平和地看待对规则的变通？这里有两个重要原因。第一，与反抗规则相反，独辟蹊径是充满变革性的，代表着批判性思维和对现状的挑战。第二，反抗规则有打破规则的倾向，而独辟蹊径与规则不一定是敌对的。只要想一想第一部分变通式的黑客思维就会知道，在不违反规则的情况下我们依然可以从人群中脱颖而出。

既然我已经说服你相信独辟蹊径有价值，那我们接着来探讨不同的方法，以及黑客思维相较于其他方法如何能让我们更优雅、更有效地绕开规则。

第五章 变通的态度

绕开规则的途径

规则十分狡猾，它会伪装成我们思想和身份的一部分，而我们对规则的顺从往往源于麻木。但是，如果循规蹈矩并不能解决所有问题，那我们应该怎么办呢？如何才能摆脱一个只服务于当权者，引导我们误判问题，并在我们违反规则时惩罚我们的体系呢？

当我们发现自身处在一个不公平的体系中时，独辟蹊径为我们提供了一条出路。它使我们能够满足自己的需求并改变现状。越轨者往往会从人群中脱颖而出，所以人们普遍认为叛逆精神取决于个人特质。值得庆幸的是，叛逆精神并不只是有或没有这种两极分化的情况，也不是与生俱来的天赋，而是一种可以学习的能力。

整体而言，我认为叛逆有三种关键的方法，那就是对抗、谈判和变通。每种方法都各有利弊，但变通是唯一一种可以快速获得回报，并将失败后果最小化的方法。

1. 三种叛逆方法

为了释放叛逆的天性，我们必须了解三种不同的方法，从而在人群中脱颖而出，其中，有些方法会为我们所用，有些则会让我们望而却步。

- 对抗：这种做法往往需要直接打破规则，这意味着要与主流的权力结构发生正面冲突。
- 谈判：可以通过长期谈判来绕过规则。在这个过程中，参与者会慢慢团结起来，并不断向权威施加压力，最终使规则体系变得更加合理。
- 变通：就是通过黑客思维，在不直接对抗规则执行者的情况下迅速完成任务并改变现状。

这里并没有最好的方法，只有最符合我们目标、资源和环境的方法。前两种方法比变通要复杂得多，让我们用对比的方式来尝试解释这些问题。

2. 对抗与变通

对惩罚的恐惧常常阻碍我们公然打破规则。试想一下，马丁·路德·金是如何通过公民抗命来对抗主导规则的。他被指控违反了诸多刑法规定，如扰乱和平、未经许可游行、擅闯公共部门、从事刑事诽谤和阴谋活动等。这些破坏规则的活动是改变美国歧视性法律的必经之路，但都有代价。在《伯明翰监狱的来信》中，马丁·路德·金指出，"我们必须光明正大并充满怜惜地去对抗不公平的法律，并且应当愿意接受相应的惩罚……一个为了唤起社会公平正义而打破法律的不公，并且愿意承受后果和监禁的人是真正的勇士，而这种行为是对法律的最高尊重"[25]。

第五章 变通的态度

违法者因违反不公正的规则而遭受惩罚，就成了不公正的生动案例，这可能会激励其他人加入这一事业以寻求改变。

但并不是每个人都和金一样有勇气和意志力来接受"监禁的惩罚"。我们都知道，违反规则将面临惩罚甚至其他形式的报复。正如金的遭遇，他不仅被捕入狱，后来还遭到暗杀。对我们大多数人来说，公然违反规则的风险实在太大。

相反，变通为我们绕过规则提供了一种低风险选项。正如你在第一部分中读到的特立独行的丽贝卡·贡珀茨告诉我的那样，变通至关重要，因为"当人们战胜对被报复的恐惧后，能做的远比自己想象的多"。虽然她公开挑战限制堕胎的法律，触动了保守团体的利益，但由于她只是采取了变通的手段，而没有直接违反规则，所以她无须对反抗行为承担任何责任。从她身上我们了解到，黑客思维能够帮我们绕过规则，同时避免让我们陷入各种可能对自己造成重大打击的风险之中。

3. 谈判与变通

第二种风险较低的方法是以谈判和动员为基础。然而，这种方法存在一个问题，要想取得成功，我们需要权力结构内部的某些支持。试着设想一下各种社会运动，即使当前社会制度已经漏洞百出，并面临着巨大的改革压力，但如果没有立法者、法官和商人等有权势的人的支持，社会运动也很难产生更大的影响。要想获得大众支持，动员群众、协调参与者来改变规则，需要大量的资源和时间，并且需要一条能够进入现有权力结构的途径。正如美国法学家哈佛大学法学教授保罗·弗洛伊德所说："法律不会受到今天天气的影响，但最终会受到时代气候的影响。"[26] 虽然规则的变化可能反映了一个时代的气候，但如果你不想今天就淋雨，那么就必须考虑用一种变通的方法绕过这些规则。

4. 变通的优点

利用黑客思维的变通具有易于施行和风险较低的特点，同时有可能产生潜在的巨额回报。相比之下，谈判和对抗需要付出更多的努力，而二者的社会价值一样。毕竟，在不伤害自己的前提下，采摘轻松易得的水果并不可耻，它们和高处的水果没有区别。

但是，这不仅仅是为了以小博大。正如从那些偏离规则的好胜组织中学到的那样，我们不一定非要按规则行事以期改变规则。

黑客思维能够增加潜在解决问题的方式，同时也能提高事情成功的可能性。这是因为黑客思维改变了我们对现状的解释、判断和回应，从而为其他和我们志同道合的变革者提供了新的机会。请想一想，金斯伯格是如何通过黑客思维创造了反对性别歧视的判例，而后来这种例子又被更多的律师和活动人士发扬光大的；贡珀茨是如何推动了葡萄牙堕胎立法的变革，并鼓

第五章　变通的态度

舞那些支持变革的群众和决策者的。这些应用黑客思维的变通方式不仅在短时间内迅速解决了问题,同时也为日后长期的结构变革打下了坚实的基础。

第六章
变通的思维

得益于在巴西的成长经历，使我有机会接触到天主教和约鲁巴教的众多宗教仪式。约鲁巴是西非最大的族群，由于跨大西洋的奴隶贸易，许多原生于尼日利亚、贝宁和多哥等国家的约鲁巴人后裔分布在巴西、古巴和美国等地。然而，天主教会的一些成员对约鲁巴人的一些传统习俗和宗教信仰很不满意。一些天主教领袖甚至将在约鲁巴神话以及现实中都占有重要地位的埃斯胡（Eshu）视为魔鬼的象征[1]。

十几岁的时候，我就读于一所天主教学校，经常以破坏教会中的权威人物为乐，因为这可以彰显我的叛逆精神。直到我开始认真思考变通方法的模糊性和灵活性时，才体会到埃斯胡带给我的经验教训。埃斯胡一定不是魔鬼，但他也并非绝对的仁慈。在约鲁巴神学体系中，埃斯胡具有特殊的地位，他既可以迷惑我们，也可以指导我们。[2] 在这套信仰体系中，有401个右神奥里沙（Orisha）会保护和推动人类社会发展，而201个左神阿吉贡（Ajogun）会给人类设置各种艰难险阻。作为人类的

变通：灵活解决棘手和复杂问题的黑客思维

我们，经常面临着二元性选择，即什么限制了我们而什么又推动了我们的发展。与其他神不同，埃斯胡既是奥里沙的领袖，也是阿吉贡的领袖，他是唯一一个同时具有两面性的神。埃斯胡通过恶作剧来挑战我们习以为常的事情，又帮助我们发现新的视角和可能。

这种富有深意的疑问和困惑，恰恰是约鲁巴人认为埃斯胡是变革、机遇和不确定之神的原因。他通过迷惑我们来证明问题往往难以解析，同时让我们不能轻易相信那些看似自然或显而易见的东西。如果我们想得太多就会变得麻木；如果我们想得太少，又会迷失方向，甚至越来越糟。[3]

黑客思维让人们将埃斯胡的教训铭记于心。我将黑客和这个恶作剧之神联系起来，是因为两者都常被描述为骗子，在隐匿之处照亮秘密的深渊。在深刻了解了几十个黑客思维的变通案例之后，我发现两者的相似之处远不止于此。第一部分中，案例主角们的方法可能一开始令人感到困惑，甚至略显笨拙，但他们创造出了许多史无前例的新方法。

在这一章中，我将挑战一个传统的认知，即解决问题最好的方式是了解其全貌并消除所有障碍。我们应该遵循三个原则：一是认识到自己的局限性，二是调整看待问题的方法，三是像局外人一样思考。这三种方法会帮助你接受问题的复杂性并找到变通的机会。最后我们将讨论黑客思维如何能更好地解决复杂情况。

第六章 变通的思维

无所不知，有所不知，一无所知

现有的知识会限制我们的认知，它塑造了我们的推理、个人发展、识别和求索的途径，以及与他人沟通的方式。一旦我们已知，那就无法不知，亦很难再回到不知道它时的状态。[4] 但至少我们可以意识到自己不是无所不知的，并可以积极努力地解构自己已知的东西。[5]

1. 怀疑的好处

一则古老的约鲁巴故事给我们以启迪，不要过度依赖自己已经知道的东西，埃斯胡会迷惑我们，挑战我们对现实的认知和看法。相传，有两个要好的朋友分别在各自的田地里耕作，中间隔着一条小路。埃斯胡右侧穿着黑色衣服，左侧则穿着红色衣服，轻松愉快地走在这条小路上。当埃斯胡消失在小路上时，其中一个人问："你看见那个穿着红色衣服的陌生人了吗？"另一个则答道，他看见的那个陌生人穿的是黑色衣服，并非红色。二人的争论愈演愈烈，他们都称对方是撒谎。只有当埃斯胡再次出现时，他们才意识到彼此都是正确的。[6]

这个故事揭示了信息不完整只是问题的一个方面，我们还需要考虑到将差异化的、碎片化的信息当作完整信息进行加工的方式。在这个故事里，两个人都不了解事情的全貌却固执地认为自己已经无所不知，正是这种盲目的自信导致了紧张的局势。埃斯胡只需揭示"对立的确定性",即对现实的差异化(以及通常不兼容的)分析[7],便可让我们明白过度自信只会误导我们。

一则故事会有很多片段,一些人会通过某个片段得出结论,而另一些人则会从不同的角度组装碎片。第一部分中那些有效的变通方法都是由那些不刚愎自用的人来实施的。他们没有固执地急于得出结论,而是秉持怀疑态度,尝试从不同角度看待问题,以非传统的方法进行试验,并且从持不同观点的人那里汲取经验。

2. 在不确定的世界中做决策

即便积极努力地学习,我们还是会绕回到那些陈旧的假设。能够影响组织决策的管理模型习惯性地建立在"正规分析能够帮助组织做出更好决策"这个假设中,且不以组织规模和类型为转移。问题不一定在于结论分析的准确性,而可能是那些未经质疑的假设在默默引导分析师对形势做出判断。

例如,作为大公司的顾问,我意识到,在管理层预先设定好的战斗中,研究常常被当成枪使。高层已经预先决定了战场和目标,专家评估只是帮助他们佐证战争的必要性,并协助执行战斗。高级管理人员借助外部顾问的报告说服公司中的其他人,将故事主线强加给利益相关方并分配各自的角色从而执行提议。问题在于,许多顾问不会质疑客户的假设,而是根据客户提供的信息,对已知信息进行验证和扩展。如果这些顾问接受问题的复杂性，他们可以缩小研究深度并扩大调查广度。他们会质疑管理层假设的事实、价值和目标。如此，就有可能识别出那些互相矛盾的观点或找出其他那些被忽视的战场。

针对政府间组织的咨询则有所不同，从事这项工作的分析师喜欢用数据来解释一切，如相互矛盾的假设和目标，以及关于谁应该带头的观点。但是如果范围太广，研究就会显得笨拙且毫无帮助。因此，我们最好接受诗人约翰·济慈所说的"消极能力"[8]或希斯兄弟所说的"优先级"[9]：从多重视角发觉细微差别，但不要沉迷太久。想想莎士比亚是如何在不透露人物背景的情况下介绍角色或者在没有清晰结果或出路的情况下调动故事情节。他了解世界是不确定的，一个故事永远不会"完整"。这位剧作家允许读者从不同角度去探索故事情节，想象一个故事会如何走向各不相同的结局。这就是为什么波西亚是一个如此令人着迷的角色，她通过各种意想不到的方式打破了老套的故事情节，并悄然鼓励观众抛开预期并沉浸在剧情中。

3. 让陌生变得熟悉，让熟悉变得陌生

我们应该如何挑战认知，从而建立变通思维呢？我有一个十分粗线条的答案——拥抱世界的模棱两可。我们应该明白，我们往往是在没有了解事情的全貌的情况下做决定的。因此，最好推敲（并挑战）原先的假设，而非轻率地付诸行动。问题的难点有两个，一是如何将我们"无所不知"的态度转换为可探索的"有

所不知"。[10] 二是如何解构我们对所有已知事物的判断和假设，从而将那些看似风马牛不相及的零碎片段重新组合在一起。

可以通过人类学家的研究来获得灵感，从而帮助我们训练解构和重建知识的能力，他们的目标是"让陌生变得熟悉，让熟悉变得陌生"[11]。想想"可乐生命"的变通案例，问问自己为什么可口可乐在发展中国家随处可见，但是那些救命药却总是缺失？人们知道在低收入国家的偏远地区可以随处买到可口可乐，当贝瑞夫妇将汽水这种无关紧要的东西和药物这种生命必需品联系起来时，这一平平无奇的现实仿佛又变得新奇。例如，金斯伯格将注意力转向遭受性别歧视的男性受害者，则让陌生的事情又变得熟悉。

通过让陌生变得熟悉，让熟悉变得陌生，我们可以更好地游走在两种极端的管理策略之间：一是在缺乏充分调查分析的情况下采取武断和考虑不周的行动（被本能所灭绝），二是过分专注于分析（因过度分析而瘫痪）。[12] 当人们能发现认知差距且不陷入其中时，就会掌握创造性和横向思考的能力。

拓宽感知的极限

想象一下当你参观巴黎卢浮宫博物馆时，在列奥纳多·达·芬奇的《蒙娜丽莎》前驻足欣赏。乍一看你会觉得这幅作品手法老套，画面很小甚至有些令人乏味。但当你将注意力集中在人物的眼睛上时，她盯着你的样子又让你有点毛骨悚然。你会禁不

第六章 变通的思维

住注视着她并侧身移动,这时你会发现她的目光始终跟随着你。

卢浮宫太过拥挤,于是你走到隔壁房间欣赏德拉克洛瓦的《自由领导人民》。这幅画内容丰富,让人迷醉。首先映入眼帘的是那面似乎在风中微微飘动的旗帜,那天可能有风。拿着它的女人赤裸胸膛,充满了力量感。她代表着自由吗?半裸又代表着什么呢?然后你看到她周围的那些尸体,那个跪在地上的男人是在乞求怜悯,还是在表达忠诚?你会发现那些持枪的人也很奇怪。他们有的像贵族,有的则像农民。这是否意味着无论社会阶级如何,都值得为自由奋斗?这幅画有许多零碎细节会让人感到不知所措。

离开了卢浮宫,前往橘园美术馆。你的第一站是莫奈的《睡莲》。当你走近这幅画,只看到了模糊的色彩堆积。但后退一步体会它的色彩和运笔,现在这幅画却变得有意义了。这幅作品散发着一种宁静感。为什么莫奈的画作可以通过距离调整感观,但在埃舍尔著名的《相对性》的平版印刷品中却看不到这种变化?我在高中数学课上学习过它,这幅画既令人烦恼,又充满趣味。两个人在同一侧的同一方向上使用同一个楼梯,但一个似乎在下降,而另一个却似乎在上升。应该如何尝试从不同的角度欣赏这幅画,并尝试掉转方向从而引发不同的含义呢?

我们在分析一个问题时,会本能地想要获得一个全面、详细的画面,但最终所看到的取决于我们的观察角度。与我们看待艺术作品类似,调整距离和角度可以帮助我们重新审视和解释周围的环境。这有点像拍照片,你可以通过调整相机上的设置来改变每一帧的内容，从而呈现完美的画面。

1. 聚焦

在摄影中，拍摄主题提供了不同的限制和机会，使照片从更为技术的层面来看拍得更好。例如，拍摄花朵的照片就与拍摄风景大不相同。这两个主题都能拍出很好的照片，但传达的信息却截然不同。当然你没有必要二选一，都可以尝试，看看哪个最适合自己。

如果从细微的花朵入手，你可能会发现之前忽略的细节和细微差别。也许你会注意到花瓣上有迷宫般的深红色脉络，也许花粉的粉点吸引了你的眼球。你开始从视觉上把花朵分解成不同的组成部分。相较于那些把整片花海或者景观作为一个整体的人，你会收获一些他们错过的别有意味的发现。在构思变通方法时也一样，从局部焦点入手可以让你发现那些纵观全局时所忽略的细节。这正是"浪之女"组织使用的策略：与其直接反对一个国家的堕胎禁令，不如专注于另一个国家的立法，并利用相关法律的细枝末节来规避限制。

从另一个角度来说，从全局视角观察整片风景也会有意想不到的收获。如果只把所有的时间都花在一朵花上，那你可能会错过山峦丘陵那令人惊叹的律动，或是忽略草地的颜色是如何与昏暗低沉的天空相互呼应的。有时，了解宏观全局会成为出奇制胜的法宝，达到事半功倍的效果，这就是借东风的意义。

第六章 变通的思维

如果医疗专家只专注于用某种单一的方式，提供某种单一的微量营养元素，那么如何让特定人群服用像铁元素这样的补充剂就会成为一个问题。医生应该如何确定目标人群？如何分发补充剂？如何确保正确的人在正确的时间服用补充剂？如果专家能从全局入手，对整个消费链条进行调查，并在关键食品中添加微量营养素，那么就可以用极低的成本达到预期目标。

2.曝光

想要拍好一张照片，拍什么和怎么拍同样重要。如果曝光不足，图像就会因太暗而无法分辨；如果光线太强，图像又会曝光过度，同样无法使用。照片的曝光度取决于感光度、光圈和快门速度这三个因素的相互作用，不同的因素又会带来不同的问题和解决方案。请记住，拍照没有唯一最优解（自动模式也没有错），实践才是关键。对每一个控件多一点了解，就能帮助你在四处游玩时为同一个主题拍摄出不同风格的照片。

感光度是决定照片曝光度的第一个因素，可以决定感光、图像饱和度和颗粒感，它能帮我们思考如何利用资源。我们总是认为越是掌控细节，拍出的照片就越完美，就像拥有越多具有针对性的资源就越能帮助我们解决问题那样。如果我们把自己想象成一名黑客，只能利用手头仅有的资源，情况又会怎么样呢？如果善于利用现有资源而不是一味地想要新资源，也可以用次优解来完成紧迫的挑战。这就是为什么制作饼干的过程也能够在教孩子阅读和基本算术时变得至关重要。

光圈是决定照片曝光度的第二个因素。光圈的作用是测量相机镜头开口有多大，它影响了照片的景深。光线进入过少意味着图像应当聚焦，而光线进入过多则会导致背景模糊。同样，传统智慧让我们相信焦点越集中，问题就越好解决。但事实并非总是如此。就像摄影中的过度聚焦会导致画面模糊崩坏那样，在应对复杂问题时，过多聚焦于细节可能会导致"因过度分析而瘫痪"。正如印度公共厕所的例子，有时一个小小的权宜之计（如墙主在墙上挂着绘有神灵的画像）就能阻止国家主导干预却无法消灭的社会不文明行为。

快门速度是决定照片曝光度的第三个因素。快门速度控制了胶片在光线下的曝光时间。如果调快快门速度并减少光线进入，就能够捕捉到更为清晰的运动图像；如果调慢快门速度并让大量光线进入，运动图像就会变得模糊。我们总是认为，越是直接掌控或直面问题越能将其更好地解决，但有时"模糊"反而可以传达更多信息。快门速度提醒着我们，干预措施可以快速解决问题，例如，通过个人社交网络进行转账既规避了银行手续费，也可以帮助我们跨越传统限制。再比如，建造双拼住房让达利特和非达利特居民能够自由互动。

3. 掌控设置

正如感光度、光圈和快门速度是摄影的组成部分一样，重新思考我们手上的资源、焦点和范围，是强调一个现象不同方面的方法。套用法国哲学家吉尔·德勒兹和法国心理分析学家费利克斯·迦塔利的话，"一块砖可以建造法院，也可以从窗户扔出去——问题所处的环境至关重要"[13]。通过了解问题的主题和设置，我们可以为不同情境制定不同方法，从而重新解析问题，并参与其中。

我鼓励你像摆弄数码相机上的设置一样，充满好奇地、兴致勃勃地、频繁地尝试这些策略。数码相机的两个优点是有足够的存储空间，并能即时反馈。不要只局限于一卷胶片中的几十张照片，而要拍摄成百上千张照片。你不必等到冲洗照片后才知道自己对相机的设置是否满意，只需通过数字照片预览进行相应的调整。我们需要学会欣赏和探索那些"有所不知"的事物，而非只关注已知的部分。

局外人的力量

印度艾哈迈德巴德管理学院教授、社会企业家阿尼尔·古普塔每六个月会组织一次为期一周、全程约155英里的徒步活动，穿越印度交通不便的偏远地区。古普塔身材高大，蓄着胡须，总是喜欢穿着白色衣服，面带迷人微笑，对村民极为感兴趣，尤其对村庄里那些怪人青睐有加。这条徒步路线被称为Shodhyatra，在梵语中译为"寻找知识之路"。在探险中，古普塔和他的团队发现并记录了超过16万件由所谓的边缘人群创造的产品和实践，古普塔断言，"这可不是边缘思想"[14]。

像古普塔这样挑战政治、经济和社会惯例的特立独行的人，有一些特别的、耐人寻味的并且有韧性的品质。他们所处的有利位置，能让他们用不同于过度依赖习惯的当局者的方式看待问题。正如一位黑客所说，"黑客不会是那些每天都要面对需要想通的问题的人，那种人丧失了对问题的激情，逐渐变得麻木"。大多数专家的"认知恒温器"被设定在一种慢炖状态，他们生活在趋近未来的时态中，总是期待着下一步会发生什么。一方面，这种状态能够让他们保持专注；另一方面，这也限制了他们突破传统束缚的能力。

1. 局外人和当局者

专家的问题在于太过依赖自己的知识，换句话说，他们不愿意在熟知某种解释和行动的前提下突破自己。[15]这样做的好处是当局者不会感到意外，但坏处是他们无法感受到任何创新。一个刚刚接触新知识的局外人，可以从新的角度来看待老问题，如同孩子们经常天真地问："为什么一周不可以是星期一、星期二、星期六、星期日、星期三、星期四和星期五呢？"这类有趣又意外的想法时常挑战着成年人那些根深蒂固、无可争议的习俗，让人措手不及。

当局外人或缺乏专业知识的人开始对新事物产生兴趣时，他们往往会对新工具和新概念修修补补，有时候对其进行重组

第六章 变通的思维

和重新配置。而这种方式在专家看来,既令人震惊,又不直观,甚至会适得其反。尽管他们的想法天马行空,但局外人可以用局内人无法拥有的自由去思考和实践。局外人的新观点可以是革命性的,还记得波西亚是如何智胜夏洛克的吗?她并不是专业的律师或会计师,而她也不需要成为这些人中的一分子就能打破这个体系。

此外,与局内人不同,局外人对新挑战和新概念的掌控欲往往较弱。所有权并不仅仅是一个说辞,用小说家约翰·斯坦贝克的话来说,"就是它造就了我们,我们为之生、为之奋斗,亦可为之而死,这就是所有权,而非一纸写着数字的文书"[16]。行为经济学家已经证明,我们的所有权感适用于资产、工具、工作和组织,以及我们所投入的其他一切联系,比如我们的观点。一旦我们掌控了某个想法或某个问题的所有权,我们就会本能地保护它,不让它消失。[17] 而局外人拥有更少、更弱的掌控欲和保护欲,这会激发他们解决问题的灵活性。TransferWise 的创始人之所以成功,也是因为他们没有在正规银行机构工作的经历。局外人的身份赋予了他们更多的创造力、灵活性和挑战现状的能力。

2. 做一个内在局外人

无论是个人还是组织,都可以采用不同的策略来培养"内在局外人"的特质。我们如果学会重视通才知识,就能通过横向思维，为这个高度专业化的世界带来广泛经验。与其过分看重那些使用既定策略自行反馈解决方案的专家的专业知识，不如将一个领域中的知识应用到不同场景中，收获不同于原领域的新知识。当然，并不是每一种方法或信息都是可以转移的，一旦这种策略获得成功，就会带来革命性的改变。调查记者戴维·爱泼斯坦在他的畅销书《范围》中讲述了罗杰·费德勒、J.K. 罗琳、文森特·凡·高、屠呦呦是如何打破成功需要早期、狭义的专业化这一桎梏的。他们都是多面手，在那些难以辨别规律并存在众多"已知""未知"的复杂环境中蓬勃发展。[18]

另一种方法是多管闲事。我们的社会分层清晰地划定了我们所属的和非所属的界限。尤其当我们进入"受限"区域时，挑战这些法律和公约可以产生新观点。包括谷歌、脸书、高盛、万事达卡、特斯拉，甚至美国国防部在内的组织都在向计算机黑客付费，让其尝试侵入自身研发的系统，并报告他们发现的所有漏洞，这些通常被称为"漏洞赏金计划"（bug bounty programs）[19]，即黑客发现公司程序员和网络安全专家等内部人士麻木或忽略的地方。克雷格列表网站可能并不认可爱彼迎早期的营销策略，但这个故事证明了弱势群体如何在社会禁止他们进入的领域周边打转儿，从中发掘脆弱之处并加以有效利用。

3. 内部的局外人

公司往往试图在利用既有的专业知识和利用新视野探索新

第六章 变通的思维

机会之间寻求平衡。[20]规模更大、架构更严密的组织尤其倾向于在不放弃内部人员专业知识的前提下，采用不同方法来激励新观点。在日本，轮岗计划已经非常普遍。在这些计划中，员工需要在同一公司的不同部门之间流动。[21]一旦一个员工在最初的职位上太过舒适，如销售，他就会被调去市场营销岗位，然后去运营，再去财务，最后仍回到销售岗位。这些轮岗的员工成为某种非激进的局外人，他们对业务足够了解，同时能够促进各个部门间的相互交流。公司有时会出于类似的原因聘任顾问，在某些情况下，顾问就是用来发现那些全职员工所忽略的问题的。

同样，公司也致力于雇用一些由于历史原因而被边缘化的群体，这不仅是为了创造一个公平的就业环境，还因为多样化的劳动力可能会弥补被性取向正常的白人男性群体所忽略的观点。如果你看过电视剧《广告狂人》，你就会发现随着更多女性和黑人被雇用，广告业发生了怎样的变化。白人男性担任广告高管时并不知道他们忽略了某些细分市场的消费意愿。这部剧提醒我们，那些经常被忽视的生活经历，以及极少被质疑的特权化经历，总是在深刻影响着我们的所见所想。

局外人，或者那些能够采纳局外人观点的人，往往善于利用黑客思维。因为他们知道自己的局限性，也不担心别人提出别出心裁的建议。本书第一部分中许多好胜组织的工作并非始于自己所熟悉的领域，而是从权力结构的边缘开始发展。特洛伊的居民相信高耸的城墙能够保卫他们的城市，这一策略使他们在上百年间免受战火侵扰。迫使那些外来的希腊人必须使用不同寻常的手段进入这座城市。这场豪赌获得了回报，特洛伊木马的概念在数千年后依然是创造力和迂回策略的生动证明。

复杂问题并不需要烦琐的解决方案

培养变通思维的主要方法是挑战固有的信念，拥抱矛盾和怀疑。[22] 在情况尚不明朗之时，最好的选择是探索可能点亮新机会的微小改进[23]，为此必须审视我们的认知、看法和思考方式，以便探索解决问题的非常规方法。

计算机黑客能够解决复杂问题，是因为他们专注于"本质复杂性"，这就是蛇的七寸所在。他们试图去除"偶然复杂性"的影响，即那些我们认为理所当然却会分散我们注意力的条条框框。[24] 黑客绕过这些无关紧要或"偶然"的障碍，尽量让问题简之又简，因此，变通成为黑客解决问题的核心要义。

黑客思维的本质莫过于简单的就是最好的。然而，当我向管理者和学生分享研究时，为了打消他们的疑虑，我必须不断解释为什么复杂的环境中也存在简单的规律。怀疑论者没有注意到，复杂和烦琐是有区别的。复杂的场景没有明确的因果关系，它们可能会陷入自我循环，变得矛盾晦涩，可以从不同角度诠释，这意味着根本没有单一的解决方案。烦琐的场景在于要了解太多信息，并试图一次性解决所有方面的问题。[25] 但问题是，当你在干预中加入的要素越多，事情有可能会变得越糟。

第六章　变通的思维

用计算机黑客的话说，烦琐的解决方案往往伴随着很多偶发的复杂性。

如果我们认为每个复杂问题都需要更加烦琐的解决方案，那我们最终会一头撞上南墙，无法从偶然因素中解析出问题的本质。世界上一些极为严峻的挑战都是复杂的，因为它们会自我演变并相互交织，试图解决问题所有方面的人必然失败。[26]

因此，黑客思维非常适合应对复杂情况，因为它们拥抱不确定和不完美，并在应对燃眉之急的同时，探究其他隐藏路径，从而找出更为稳健的替代方案。我会鼓励你遵循埃斯胡的教诲，当雷神尚戈（Shango）问他为什么不直截了当地说话时，他回答说："我从不这样做，我喜欢让他人思考。"[27]

第七章

构建黑客思维

我已经介绍了许多关于黑客思维的故事，它们有的凭借非凡的洞察力，有的则是纯粹为应对高风险场景而生。由于黑客思维偏离了解决问题的标准脚本，常被认为具有偶然性，或是被一些特殊人才独创。但实际上，任何人都可以创造黑客思维，在本章中你将学习如何创造黑客思维。我们将探讨黑客思维构思中的原则以及构建模块，帮助你结合自身的具体情况和具体问题，探索有关借东风、找漏洞、迂回战和次优解的相应变通方案。

黑客思维的原则

识别问题是解决问题的默认起点，这个模式总是带领我们沿着一条从识别问题到找到解决方案的直线前进。先明确要解决什么问题，从而制定一个有逻辑的、循序渐进的方案是其本质理念，其中包括识别问题、定义问题、测试策略、实施策略、以及总结经验。这种方法不仅主观随性，而且会被那些好高骛远和官僚主义的经理或上级不断强化，而这对构思黑客思维毫无益处。

1. 解决问题所面临的问题

循规蹈矩的方法可能会起作用，也大体合适，但实际上它总是故步自封。遵循这种方法的人可能认识不到，有时我们解决问题的方式本身就有瑕疵。如今，许多严峻的挑战都很棘手，相互交织并不断变化，似乎是解决了一个问题，另一个问题就接踵而至。我们常常要处理一堆杂乱如麻的问题，这使得识别问题变得困难，甚至毫无可能。[1] 比如，从气候变化、粮食安全到社会不平等，这些问题总是以不合理的方式相互交织，有时甚至是以矛盾的方式相互叠加。

我们无须按照固定的方式完成拼图游戏，所以将它们作为标准题型来解答并不合理。同时，黑客思维会在纷繁复杂的世界中蓬勃发展。毕竟，针对每个问题和具体环境，都可以衍生出多种变通方法。所以，千万不要期待本章所描述的创造过程只生成一种可能的组合！

2. 变得复杂

处理复杂情况不一定需要以识别问题为起点，也不一定要

第七章　构建黑客思维

以识别问题为终点。黑客思维并不遵循某个循序渐进的过程，所以无须完成一项任务才能进入下一项任务。相反，我更倾向于将这种方法视为一种思维模式，即让我们生活中的"默认经验"与"问题"进行持续的交互。

构思变通方法更像是玩乐高积木，而不是拼图。比如你有一些积木，要解决的问题就是设定你想要搭建的目标。记住，寻找边角块积木对于搭建乐高城堡而言并不会产生多少帮助。有了更多的积木块，你的创造力就可以发挥得淋漓尽致，可以边搭建边探索不同的组合方式。你可以随心所欲地用积木搭建自己所想象的任何东西。有时，在开始组装这些积木之前，你甚至不知道自己想要搭建什么。

3. 第一块积木

经过多年的研究，我认为可以从两个方面入手。

首先，从了解你所关心的问题开始。在试图寻找行动切入点之前，无须完全理解或定义它。黑客思维的魅力在于：你甚至可以将其应用于自己不太了解的问题上。通过试验以及乐于接受矛盾和质疑，逐渐扩大行动的可能性边界。

其次，从认知不同情况下的"默认经验"开始，观察它们是如何失败的。我们在生活中过于依赖剧本，但正如心理学家亚伯拉罕·马斯洛在1966年所说："如果你拥有的唯一工具是一把锤子，那你就很容易把所有的东西都当成钉子来对待。"[2] 当你挑战"默认经验"的时候，并不是从问题本身出发，而是从一个不同的切入点或有异于标准实践的路径出发。然后，这一过程会激发对问题多面性的思考，包括事先可能没有意识到的问题。

幸运的是，开始也仅仅只是开始。更好的方法是通过对基础知识进行细致入微的观察，系统地、同步地改进对问题的认知以及对该问题的默认反应。一旦打好基础，你甚至会忘记你是从哪里开始的。

建立思维基础

创造变通的基础在于知之为知之，不知为不知。记住，这只是搭建乐高的地基，而非真正的房屋。这意味着，如果没有建筑方案和完整部件，你也不必太过担心。这只是为了让你迈出第一步而已。

如果你心中有一个想要解决的问题，那就需要识别并梳理你所掌握的信息，而这只能称作"事半"。因此，如果你要从识别问题开始，我就建议你思考整体的问题、障碍和问题存在的首要原因。如果你要从特定情况下的默认反应入手，就可以参考传统的解决方案和责任主体。

归根结底，顺序并不重要，你也不必在这个训练中花费太多时间。当你开始用这四种变通式的黑客思维进行头脑风暴时，你很可能会重新审视自己的知识基础，增加或改变一些积木。

第七章 构建黑客思维

1. 问题

问题可以是简单而明确的（例如，午饭时不能煮鸡蛋吃），也可以是复杂而多面的（例如，撒哈拉以南非洲五岁以下儿童的腹泻死亡率高）。如果问题很简单，那你只需要把它写下来，然后继续就好。如果问题很复杂，那你最好是围绕这个问题梳理一下自己所掌握的信息，以及所已知的自己不能掌握的信息。然后继续梳理解决问题时存在的障碍，以及问题起初产生的原因。

对问题的观察可能源于生活中的体验，也可能来自被报道过的事情。例如，在咖啡机里煮鸡蛋的黑客就经常遇到这个问题，这属于他日常生活的范畴。贝瑞夫妇从未从事过预防儿童腹泻死亡的工作，他们是从别人的报告中了解到这个问题的。当然，如果你经历过这个问题，那么你很可能对它非常了解，但也可能受制于经验限制，想不到其他的解决方法。如果你没有经历过这个问题，那就需要从一块空白的领域开始，这意味着你所掌握的一手知识较少，但也正因为你没有掌握解决该问题的默认方法，所以拥有较少的偏见。

2. 障碍

我们在处理简单问题时，障碍往往显而易见。比如前文提到的，当黑客想煮鸡蛋吃的时候，障碍很明显，那就是他的办公室里没有炉子。而问题比较复杂时，你可以在阅读或在尝试默认的解决办法失败后了解更多关于问题的信息。当贝瑞夫妇在撒哈拉以南非洲的偏远地区调研如何为该地区广泛提供治疗腹泻的药物时，他们需要通过阅读相关报告并与当地人交谈，了解那里存在基础设施缺位、物流薄弱和资金匮乏等障碍。

当问题复杂时，尝试默认解决方法并遭遇挫败，也是研究障碍因素的另一种方法。当我还是一个婴儿时，我的父母试图治好我的腹泻，他们多次尝试默认方法，只有在碰壁后才意识到障碍的存在：首先是药品进口问题，其次是母乳罢工问题。

但是，你并不需要预先知道这些障碍的存在。事实上，有没有经验都能解决问题，因为它们都会让你意识到积累知识的重要性。在梳理障碍时，你的清单不一定详尽；而当你对问题和默认的解决方法有更多了解时，也就可以重新审视这些障碍。

3. 默认的解决方法

我们几乎总是清楚默认的解决方法。煮鸡蛋的默认方法是使用炉子和锅，而个人对蛋黄的喜好会决定你需要煮多长时间。默认的解决方法是如此的自然，以至于我们没有进行过多的思考，它们便潜移默化地形成了我们所认为的各种常态。

当从问题出发时，我们的注意力会自动转向默认方法，所以在黑客煮鸡蛋的案例中，黑客虽然想到了默认方法，但他最终选择打破，因为他没法用默认的方法在办公室里煮鸡蛋。

即使情况更为复杂,我们也能在对问题缺乏了解时,获得关于默认方法的提示。毕竟,默认方法是自然直观的。例如,贫困地区缺乏治疗腹泻的药物,贝瑞夫妇毫不费力就能发现,在国际组织援助的背景下,默认的解决方案是通过公共部门提供免费治疗。但是随着对问题的进一步了解,他们发现,对于远离公共医疗设施的偏远地区,尤其是所谓的"最后一公里"而言,部分项目反而是以私人部门为中心进行配送的。

不过,当问题具有不同的定位时,默认方案就会改变。如果将问题的焦点从"缺乏治疗腹泻的药物"转向"腹泻死亡",那么我们最终会更多地考虑预防性的解决方案,如轮状病毒疫苗接种、使用清洁水、完善卫生设施,而非考虑如何提供治疗方案。因此,当我们思考如何处理一个具有多面性的问题时,从不同的角度进行观察是非常必要的,也是有所助益的。

4. 责任主体

在我们这个各自为政的世界里,默认的解决方案往往伴随着职责的划定,同时定义了在该方案中起主导作用的主体。什么能帮你煮鸡蛋?谁负责向偏远地区提供治疗腹泻的药物?

这种做法不仅阻碍了其他人可以发挥的积极作用,还限制了我们以不同方式解决问题的能力。当人们反复遭遇同样的问题,并使用相同的默认方案来解决这些问题时,他们就会对替代方案的构思变得麻木不仁。从边缘入手,将为你提供一个不同的角度，用以寻找可替代的解决方案。对责任主体的关注，有时反而可以帮助我们思考什么样的变通方案不可行。

5. 寻找问题存在的原因

为什么问题仍然存在？这个疑问可以帮助我们把问题的性质、默认的解决方法和责任主体联系起来。当我们面对更为复杂的问题时，尤其适合探讨这些联系。在解释这些联系时，要避免使用诸如"责任主体不负责"这样的一般性回答。即使确实如此，这种假设也不会促进思考，反而可能产生一种看似注定失败的宿命感。

当贝瑞夫妇研究世界上极为棘手的问题之一——儿童腹泻治疗时，他们没有停留在一般性的、宿命论的观察上。[3] 否则他们就会一事无成。这个问题也暴露了不平等现象，如赞比亚的儿童腹泻死亡率大约是芬兰的720倍[4]。这种差距并不意味着没有人试图解决这个问题，当然也不意味着失败。根据美国卫生计量与评估研究所的数据，1990—2017年，全球五岁以下儿童腹泻的年死亡人数从约170万降至50万。[5]

质疑一个问题为何存在，其好处在于健全自身对复杂问题的系统性认知，不仅可以意识到自己的博学程度，同时也可以意识到自己的无知程度。[6] 你可能会注意到，人们期望通过国际援助和低收入国家的政府来解决儿童腹泻死亡问题，而这也正是可以存在"如果"的地方。例如，假如药品是通过私人部门发放的呢？假如我们无须修建更好的道路来改善药品运输呢？假如可以在诊所或医院之外的地方提供公共医疗服务呢？这类问题可能会引导你走向不同的方向，也会让你从不同的角度考虑问题及其默认的解决方案。

如何构思四种变通法

打好基础后，就可以开始修补工作。同样，在头脑风暴的过程中，你可能会重新审视自己的知识基础，这是我们所鼓励的。有些人甚至忽略基础阶段而直接投入修补工作，这同样可行。

摆脱线性的、按部就班的解决方法很难，然而非常规的解决方法，即一种支持变通态度的方法，其本质就是不按常理出牌。"常理"指强加且预设程序的情况。因此，冷静下来观察这些基础构件（当然也可以不看），并遵循自己的本能。

在第一部分中，你已经了解了每一种黑客思维是什么，以及它们是如何被世界各地的好胜组织和特立独行者所用的。但是，如何在这四种方法中选择，才会产生与你的具体情况更为匹配的最佳结果呢？

把每一种变通方法都看作不同种类的乐高积木：一座城堡、一架桥梁等，可能会有所帮助。想想看，城堡可以看起来像《长发公主》里那样，有天花板、墙壁等。同样，四种变通式的黑客思维中的每一种都有一些关键特征，了解这些特征将有助于你选择最合适的方法，来组装变通方案以满足需求。

每一种变通的黑客思维都有一个主导因素在起作用。当采用借东风时，你需要考虑自身场景中的现有关系；找漏洞则需要密切关注不同的规则；迂回战则涉及审视导致惯性的行为；而次优解则是利用手头可支配的资源。并不是每一种情况都用得上这四种变通式的黑客思维，这没什么关系。最后，对于大多数挑战来说，你真的只需要一种变通方法。图 7.1 并不详尽，但可以在你开始思考采用何种变通式的黑客思维时提供一些灵感和指导。

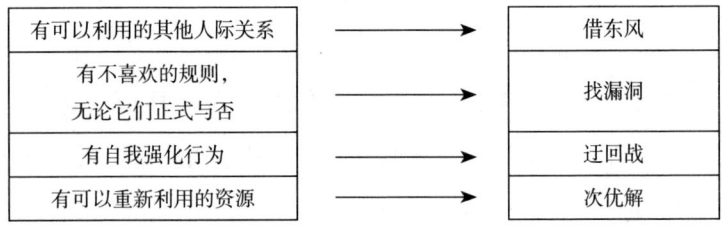

条件	变通方法
有可以利用的其他人际关系	借东风
有不喜欢的规则，无论它们正式与否	找漏洞
有自我强化行为	迂回战
有可以重新利用的资源	次优解

图 7.1　四种变通式的黑客思维

现在，我们将探讨如何通过头脑风暴，提出各种类型的变通方法。哪怕你打下的基础只是暂时的，问自己几个简单的问题便可帮助你确定哪种变通方法符合自己的情况。

1. 如何通过头脑风暴构思借东风的变通法

借东风依赖于各种关系，所以你要考虑涉及和围绕相关挑战的关系网络。关于借东风的提示：

- 还有哪些参与者存在？
- 还有哪些其他的联系或网络存在？
- 如何利用现有的网络交付新资源？从不同的系统中可以学到或用到什么？
- 如何利用现有的网络来消除已经存在的参与者或联系？
- 在"你的系统"中，什么资源可以用来做其他事情？

关系可以比人们之间的互动更广泛。参与者、联系和网络有许多不同的表现形式。参与者可以是相互竞争的电影制片厂，也可以是沃达丰的高管，而网络可以从可口可乐经销商网络到电视广告标准。关注不同的关系和系统如何不可避免地交织在一起，可以帮助你创造性地思考如何利用彼此间的往来。你能否利用现有的系统来交付新资源，就像"可乐生命"投递救命良药的方式一样，或者像爱彼迎在分流克雷格列表网站流量时那样，消除或取代现有节点。

2. 如何通过头脑风暴构思找漏洞的变通法

找漏洞的变通法基于规则。刚开始考虑避开标准规则时可能令人感到惶恐，但这些提示或将对你有所帮助。关于找漏洞的提示：

- 当前系统的脆弱点是什么？

- 有哪些适用或不适用的限制性规则或障碍？
- 如何在职责范围内突破规则精神的限制？
- 有哪些不同的规则更适用？
- 什么或谁需要克服障碍？
- 执行限制性规则的严格程度如何，或者如何使规则更难执行？
- 如何从对你有利的方向重新解释规则？

规则及其限制可以朝着对你有利的方向被重新解读。就像《威尼斯商人》中的波西亚一样，能让一条规则无法执行。或像"浪之女"中的女性一样，找到一个不适用某些限制性法律的例子。如果有正式的和非正式的规则可以规避，你就可以构思出一个找漏洞的变通法。

3. 如何通过头脑风暴构思迂回战的变通法

也许你已经意识到，挑战之所以持续，是因为存在自我强化行为，无论在个人还是社会层面，这些行为都在我们身边发生。早上喝的咖啡越多，你就越会认为早上需要喝咖啡。在这种情况下，你可能需要采用迂回战的变通法，这些提示将帮助你解析什么是自我强化行为，为什么会发生自我强化行为，在哪里发生，以及延迟或打破它们的方法。关于迂回战的提示：

- 是否存在自我强化行为？
- 为什么该行为是自我强化的，该行为与其他需求如何互动？
- 如何创造一个分散注意力的方法来扰乱自我强化的势头？
- 在什么情况下，自我强化行为不存在？
- 怎样才能推迟自我强化行为的发生？
- 谁，在什么情况下，会有不同的行为，或者谁是局外人？

现在，开始思考行为、习惯和需求之间如何相互作用。迂回战可能意味着要对一个看似不相关的问题加以利用，比如解决住房需求如何引发基础设施建设，进而影响种姓制度。另外，你也可以效仿舍赫拉查德或疫情防控期间公共卫生官员的做法，想办法逐步分散或延缓一个虽然不理想但看似不可避免的结果。

4. 如何通过头脑风暴构思次优解的变通法

首先问自己，你是否有机会获得可以加以利用或重新配置的资源。尽可能广泛地考虑资源的范畴——从高科技到基础资源，但要把重点放在"做什么事"和"怎么做事"上。关于次优解的提示：

- 哪些资源容易立即获得？
- 如何对资源进行重新配置或重新解读以实现不同目标？
- 如何以非传统的方式重新组合资源？

- 针对这个问题的最低技术解决方案是什么？
- 针对这个问题的最高技术解决方案是什么？
- 在可得技术的原有设计之外，它还有什么功能？

如今，资源范围之广是一种诅咒，也是一种祝福。一方面，专业化和新技术引导我们采用传统方法，即用特定的、专门的工具来解决每个问题。另一方面，物品的多样化意味着我们必须采用定向设计的产品来完成其他任务，只需有足够的创造力去认知一个物体的次要或替代用途即可。回想一下，一台高级咖啡机是如何被用来煮鸡蛋的。这是诠释现有资源被战略性使用的优选案例，说明通过观察可以找到变通方法。一旦你对所掌握的资源以及你或其他人与资源的互动方式有了清晰认识，就能更加自如地思考如何在不同情况下加以利用资源。

让我们开始吧

我最讨厌听人说，你必须跳出固有思维思考问题，然后强制性地开展头脑风暴。并非每项创造性活动都需要使用便利贴和活动路线图，你只需善用现有资源就可以了。可以进行素描、绘画，快速罗列要点，使用谷歌电子表格，搜索思维导图软件，与他人互动（或不互动）……只要别让人力或资源的缺乏成为制约因素就好。

在采用变通法提示时，要契合你在现有基础上已构建的模

第七章 构建黑客思维

块,迭代地、创造性地构思变通方案。认识障碍的多重性和相互关联性,认识到自己无法万事皆通的事实,并能自如地提出尚未了然于胸的问题。恰恰是这种突破现有范式的自问自答,使我们能够评估和颠覆默认方法。

我们首先从一个熟悉的寓言开始,随后再转向一个更为复杂的例子。这些头脑风暴的例子表明,在任何特定情况下,都可能存在多种变通方法,并强调了如何迭代地、创造性地使用模块来识别变通的机会。

1. 三只小猪

我希望你还记得三只小猪的故事。前两只小猪分别用稻草和木板建造了自己的房子,但狼气势汹汹地把它们吹倒了。这就迫使两只小猪向第三只小猪寻求庇护,因为第三只小猪用砖头造了一座坚固的房子。砖头房子是吹不倒的,小猪们在壁炉里烧了一锅水,如果狼想从烟囱爬进去,就会被烫伤。[7]那么狼如何才能绕过这些障碍,最终获得丰盛的晚餐呢?

总的来说,狼的诉求是吃掉三只小猪。但我们对于狼的困境还有很多不了解的地方。例如,它是特别想吃猪肉,还是任何食物都可以满足?有一些山羊在附近吃草,如果狼只是觉得饿,且不挑食的话,山羊或许可以作为一个不错的选择。如果它只是出于习惯选择去猎猪,也许这段插曲会激励狼考虑种植一些大豆,开发素食替代品。当然,也许狼真的是猪肉狂热者。

变通：灵活解决棘手和复杂问题的黑客思维

如果是这样的话，狼就必须去寻找那些小猪。它无法吹倒或拆掉砖头房子，所以需要想出另一个办法来抓小猪。幸运的是，小猪们已经预料到了它的第一个计划，并在壁炉里布下了沸水陷阱。但如果时机对狼有利，它就会有更多的选择。如果狼有足够的耐心，也许它会等到圣诞节。这样小猪就会把它们的陷阱搁置，以便圣诞老人能从烟囱里进来，而狼先生也就有了溜进去的机会。或者，狼可以自己挖一条隧道，或雇用一些友好的鼹鼠来挖隧道，直接进入砖头房子的地窖。

事实上，我们也知道很多关于狼和它邻居的故事，不仅仅是鼹鼠。狼是否保留了它的绵羊服装或者小红帽祖母的睡袍？也许它可以通过伪装进入砖头房子。在童话世界中存在哪些网络？法律网络、社会网络、商业网络？也许小猪们已经雇用了（为防止金发姑娘逃跑而成立的）三只熊保安公司来安装警报器。不幸的是，这些熊可能是狼先生的朋友，也许会故意"忘记"在一扇窗户上安装警报器，以便换取美味的早餐香肠。

但话又说回来，也许小猪太聪明了，已经对食肉动物产生了怀疑。相反，它们决定隐藏起来，不让任何人，包括圣诞老人或安保公司的员工进入它们的家。那么，在什么情况下，小猪会想要或需要离开它们的房子呢？也许狼先生必须等待发情（或准备交配）的小猪来到镇上。同类可能会引诱小猪们出门，分散它们的注意力，让狼可以突然采取行动，并一举猎杀多只小猪。

提出一些想法，甚至包括一些最终可能不会成功的想法，

第七章 构建黑客思维

可以帮助你进行多方面的思考，使可能的干预措施看起来或多或少地可行或可取。首先需要评估可行性。假设用干细胞培育的人造培根可以满足狼的需求，但是倘若童话世界还停留在前工业技术阶段，那么狼的需求就得通过其他方式满足。你也可以考虑时间和精力因素。例如，狼可以购买小猪房子所在的土地，但是为了把小猪赶出来，它真的愿意把所有的钱和时间都花在打官司上吗？在深夜，小猪们入睡后采取行动要快得多。狼可以从前两栋房子里拿到稻草和树枝，点燃它们，从烟囱扔到砖头房子里，然后封住烟囱，使小猪因吸入烟雾而死。当小猪死后，狼可以等烟雾散去，通过烟囱进入房子，享用熏猪肉。

同样地，预期可能产生影响的范围也很重要。我们不知道狼是否只想造成一个小范围的影响，如果是这种情况，选择吃别的东西也可能是个不错的选择。抑或它有一个改变整个社区食物供应链的大计划，在这种情况下，种植大豆来制作素食培根可能更合适。最后，你也要像狼一样考虑公众的看法。当然，狼是一个捕食者，但如果被其他动物得知它就是那个仅仅为了得到恼人的小猪，就把蛔虫引入当地供水系统的家伙，那么它会觉得舒服吗？如果那时邻居们还活着，那就很尴尬了。

很明显，为狼制定一些细致的干预措施是一个幽默且低风险的练习。但这仍然说明了运用变通的思维方式，为最熟悉的故事设想出不同的路径或结局。现在，你已经能更加自如地、创造性地结合提示并不带任何评判地进行头脑风暴了。接下来，让我们继续讨论一个更棘手、更现实的例子。

2. 你好，希尔达

假设你是一位名为希尔达·格伦瓦尔德的德国妇女，程序员，住在柏林，投票支持绿党，你对移民持开放态度，而且被难民的情况所打动，你想做点什么来帮助他们。最近你遇到了你的叙利亚邻居，他们勉强通过德国的官方机构解决了身份问题，并在法律上获得了谋生的权利。但是你会如何帮助他们呢？

你知道自己对难民危机的了解并不多，但你是一个精通数据的人，所以开始从联合国难民事务高级专员公署搜索信息。[8]你发现有很多东西需要了解。此前你并不知道，截至2020年，在被迫逃离祖国的大约8 200万人中，只有大约2 600万人在其他国家获得了难民身份。鉴于媒体对这一问题的关注，你希望高收入国家接纳超过15%的流离失所的人。

你想弄清楚为什么这些人会被迫离开他们的国家，最终流离失所，但很难找到一个明确的原因。大多数人离开原籍国是由一大堆问题叠加所致，即使他们看起来并非"被迫流离失所"。当你试图将思绪与诸如全球饥饿、贫困和水资源短缺等普遍存在且相互交织的问题联系起来时却突然发现，这些问题都影响着弱势移民的生活。

怀揣着这些答案，后续的问题甚至比开始时更多，你知道无论这些流离失所的人是否被授予"难民"身份，你都必须支持他们。然而，专注于试图完整、准确地确定问题将会分散你

第七章 构建黑客思维

的大部分精力，导致无法实现目标。现在是发挥创造力的时候了。

第二天，当你在上班的路上路过一家游客信息中心时，回忆起毕业旅行，想到彼时如果能够有机会使用当下口袋里装着的苹果手机，该有多么与众不同。这些游客中心似乎变得一年比一年冷清。除非……

如果有一种方法，可以挖掘这些废弃中心的潜力呢？毕竟，它们仍然是由员工维系运作的机构。是否可以转而为新移民提供信息和指导，为他们联系当地的就业机会或进行工作培训呢？你可以与政府官员合作，或者绕过他们直接去找相应机构，而这些都是有可能的。

通过发现现有资源如何被重新利用，你已经想出了一个潜在的变通方法，但尚未成功。你可以继续进行头脑风暴，看看是否还会产生其他想法。

这一天的工作很清闲，当检查电子邮件时，你发现了一条邀请你作为志愿者为一个编程训练营授课的信息。教移民编程可能是第一步，但也需要为他们提供一个机会，将编程技能转化为就业技能。

当考虑自愿授课时，你意识到了另外一件事。虽然法律上不允许新移民工作，但这并不能阻止他们当志愿者，也无法阻止有人为他们捐款。如果你用自己的名字成立一个网络开发公司，与"志愿者"而非"雇员"一起工作，接受"捐赠"而不是"工资"，情况会怎么样？这将是一个大胆的漏洞，但这个想法值得探索。

周末，你和一位名叫亚瑟·列布库臣的政治学家一起喝咖啡。你们正在谈论一个极右民粹主义政党——德国选择党的惊人增长，谈论他们如何利用耸人听闻的新闻标题，在社交媒体上散布不实报道。阅读和分享这些评论的人越多，仇外和反移民的想法就越正常。

亚瑟指出，在这个高度联系的世界里，几乎不可能阻止假新闻的出现，但可能使假新闻不那么容易获取。作为一个熟练的程序员，你知道谷歌搜索结果的链接并不是随机的，它们会根据某些算法进行排序。这些算法倾向于将有信誉的来源，比如大学或政府网站分享的链接排在更靠前的位置。如果你与一个由大学教授组成的网络建立了合作关系，他们会转发可核实的、经过事实核查的新闻。那么，这些可信的消息来源更可能出现在搜索结果中的首位。

尽管这是一个有趣的想法，但在与亚瑟讨论后，你意识到这可能收效甚微，因为新闻，特别是"假新闻"，更多是通过社交媒体和推送信息的应用程序传播的，而不是通过谷歌搜索。此外，你更感兴趣的是帮助你的新朋友和邻居，而不是阅读极右翼的煽动性文章。假新闻传播的自我强化模式并非你当前关注的重点。

在与亚瑟见面后骑车回家时，你一直在想如何让刚到德国的难民生活得更轻松一点。你意识到自己已经考虑重新利用资源、利用规则和破坏自我强化模式的事情，但还没有考虑过其他关系，而这也许是最明显的干预措施。其他移民和难民已经得到了同一个官方机构的认可，他们中可能有一些人愿意提供帮助。在吃晚餐时，你想到了叙利亚餐馆，它们散布在城市的各个角落。也许，你能把这些餐馆的老板和员工与寻求指导的难民联系起来。

当你考虑到新移民所需的最佳的援助方式时，你又回到了最初的想法，即利用旅游业资源。如果不重新配置有形资源，而是凭借现有旅游网络的东风，如沙发冲浪互助旅游平台，会怎么样呢？这个在线社区将旅行者与愿意分享自己家园的房东联系起来，也许这个社交网络或类似的网络可以帮助移民找到临时住房。除了解决迫切的需求，这个想法的好处是不用与政府官员打交道。

作为希尔达，你已经为解决高度复杂系统中的一系列问题想出了一些有趣的干预措施。选择先走哪条路取决于你。你可以决定从产生最大影响的地方开始，或者从你最擅长的技能开始，但重要的是一定要开始。一旦开始执行变通方案，你就可以进行自由的修订，也可以用另一个想法重新开始或者获得新的灵感并在执行过程中重新设定自己的目标。

从灵感到实践

创造变通方法需要灵活性，而灵活性尤其能帮助我们处理那些传统管理策略无从下手、复杂又不清晰的问题。好胜组织在追求灵活性的过程中表现出色，正是因为它们无法过多地依赖传统方式来解决问题。如果你允许自己走上这条自由之路并反复练习，那么即便只有一些简单的模块，也能够组装出多种不同的变通方法，不仅适应你所处的环境，也符合你的动机。

当我和学生一起进行这些构思练习时，总有一些人试图用所有的积木来描绘全部的可能性，这种完美主义会导致失败。不要幻想你会在正前方直接找到目的地。想法太多会将你引至陌生的领域。记住，在搭建乐高积木时，你可以探索不同的组装方式，并根据自己的喜好使用更多或更少的配件。就像我们试图帮助狼一样，并不是每一个提示都是富有成效或可行的，有些想法更引人入胜或更加合适。判断什么"合适"，取决于你的资源、权力、愿意为这项工作投入的时间，以及你所期望的影响范围。我们在扮演希尔达这个角色时，一旦找到了一个令自己兴奋的变通方法，并且看似可行，那么就可以开始实施了。

将这些想法付诸实践才是最重要的。尽管我希望通过鼓励你简单地遵循某些步骤来确保成功，但我不能这么做。黑客思维的魅力和挑战在于，你必须亲自尝试它们。它们非常适用于混乱的情况，而你也必须躬身入局。

这并不意味着你必须得"白手起家"。尽管每个挑战者都有自己独特的背景、期望的结果和所要面对的噩梦般的场景，但我的研究帮助我确定了一些实施变通方法的技巧，这些技巧建立在一些好胜组织的故事之上。因此，如果你将从第一部分学到的关于四种变通式的黑客思维的经验牢记于心，如果你接受

第七章　构建黑客思维

我在第二部分描述的构建变通方法的黑客思维模式和态度，那么你在做判断的时候就已经做足准备，并在绕开障碍时，有过河的石头可摸。换句话说，你已经做好准备像好胜组织那样思考和行动了！

你可能记得在第一部分出现的例子，越是试图绕过问题，就越能掌握其中的诀窍，一种变通方法可能会引出另一种变通方法。当"浪之女"开始利用漏洞在船上提供安全的堕胎服务时，它在这个领域的行动也成就了其他机会。不久之后，该组织就开始针对妇女的生殖保健需求提供针对具体国家的建议。在探索过程中，你会自然而然地提出新问题，早期的尝试会串联成一系列未曾预见的想法，当你在探索的过程中遇到新的问题和挑战时，反复运用本书中提出的构思练习，更多创新的想法会接踵而至。

其中一些想法和绕过障碍的尝试是有用的，另一些也许是荒谬的，但这都是旅途的一部分，它的分支会延伸到一些意想不到的地方。当我们冒险进入未知领域时，多少会像爱丽丝那样问柴郡猫："应该走哪条路？"猫的回答是："这取决于你想去的地方，爱丽丝。"然而，爱丽丝心里似乎并没有具体的目的地。"我不太关心去哪里……只要我能到达某个地方就行。"[9]只要开始行动，你就会到达某个地方。

毕竟，变通的整体思路是只要方法可行，目标足够好，并且不需要大量时间、资源或权力。所以，你不必太过担心，只要开始行动。

第八章

组织制度中的黑客思维

总是有一些职业人士来找我，如银行家、律师等，他们想即刻寻找一份带薪工作，能够实地与难民打交道。我对他们说，你会雇用一个除了与难民打交道，没有其他任何资质的人在你的银行里做银行家，或者在法庭上为案件做辩护吗？[1]

这段话总结了我多年来在商学院工作时经常遇到的问题，我经常会遇到麦肯锡或高盛的员工（或前员工）渴望将他们的智慧传授给第三方，并希望以此解决贫困、不平等或医疗保健等问题。我并不反对渴望改变职业轨迹，或对他人生活产生直接积极影响的人。我所反对的是这样一种假设，即企业比非营利性组织更为卓越、经营得更好、装备得更为精良，而且任何希望产生影响力的组织最好都应效仿那些追求利润最大化的组织。

这不是几个德勤的同事空降到某个组织中，提出一些拯救社会事业的建议就能解决的问题。学术文章、流行书籍、政治家和智库经常重复传统智慧，即所有组织都可以通过商业化来提升自己，但是他们忽略了不同组织有着不同的目标和能力。本书的主张则更进一步：我们不仅应该反对所有组织模仿营利性企业，而且企业还应该向不以营利为目的的好胜组织学习。

是的，这一章的开篇引语在很多方面都恰如其分。它不仅阐明了我在向好胜组织学习的过程中形成的观点，而且这些话也出自妇女难民委员会的创始负责人玛丽·安妮·施瓦尔贝之口，她的儿子恰好是本书的编辑。

本书背后的研究建立在全球范围内好胜的组织、无畏的社会企业家，以及黑客的知识和经验之上，而非来自大企业或世界强国。本章将探讨一个组织如何能够将这些教诲铭记于心，并变得善用变通。具体地说，我们将思考关于商业策略、企业文化、领导力和团队合作或单枪匹马方面的建议，这些建议可以帮助黑客思维在各种规模的组织中蓬勃发展。

商业策略

不同的商业策略对变通有着促进或阻碍作用。要在组织中接受和发展变通方法，你需要摒弃那些陈旧的、落后的管理原则，如效率、长期规划、分级决策等，获取有关情况的全部信息后再做决策以便采取更可取的战略。其中涉及减少计划，参与更多的横向决策，改变路线以迎接新的机会，通过转移和堆叠充分利用未预见的机会，以及扩大影响力。

第八章　组织制度中的黑客思维

1. 减少计划

对计划的痴迷阻碍了黑客思维的落地。个人和组织，比如全球资助者、公司、政府和社区团体相信他们可以通过长期计划来解决所有问题，他们认为合理的设计、全面的评估和顺理成章的实施可以取代因地制宜的适应性。尽管这些组织意图明确，但我们一再看到，他们往往不可能通过计划来解决复杂的问题。[2]

过度计划解释了为什么独立的项目经常过分承诺、超支或被无休止地拖延下去。这也是许多人无法利用周遭机会的原因：我们花费了太多的时间和精力，专注于遵循我们（文化、家庭或组织）为自己设定的计划，却忽略了我们可以做什么和想要做什么。心理学的研究表明，从长远来看不行动比行动失败更加令人遗憾。常见的遗憾包括，没有追逐有利可图的商业机会或没有去上大学。[3]换句话说，我们因未能采取行动留下的遗憾比失败本身更多。

过度坚持计划不仅会牺牲常变常新的机会，而且会让我们为计划这个行为本身付出成本。当我们面对决策，尤其是困难决策时，如追求什么样的职业或如何进行投资，往往会陷入自我矛盾中。用英国小说家伊恩·麦克尤恩的话说，"在做重要决定的时刻，头脑会变成一个议会，而不是一个统一的理性声音"。[4]我们犹豫不决，试图看到更远的未来，试图解释无法解释的事情，有时我们甚至还用过度坚持来掩盖不安全感。

变通：灵活解决棘手和复杂问题的黑客思维

　　与其一开始就试图预测和决定每一个细节，不如鼓励你自己和你周围的人采取缓慢的步伐进行探索。正如加拿大教育家劳伦斯·彼得所说，"有些问题非常复杂，以至于你必须具有高度的智慧和丰富的信息去放弃它"[5]，我们需要停止追求过度的信息情报，并立刻采取行动。由于黑客思维所需的时间和资源比标准的、精心策划的方法要少，因此开始行动并没有什么损失。这样就更容易在可行的基础上发展，并在不需要重新考虑整体运作的情况下，摒弃不可行的方法。

　　此外，我们甚至可以对不甚了解的问题使用变通的办法。系统变革实践者建议我们"追求健康，而不是完成任务"[6]。如果你的目标是过上健康的生活，那么你可能会计划减掉10磅，但减肥并不一定能解决你所有的健康问题。随着身体的变化，你需要继续适应和重新评估健康的含义。例如，激进的锻炼计划可能导致运动成瘾或膝盖受伤。如果长期摄入高蛋白，几年后可能会出现肝脏问题或遇到其他当前无法预测的问题。这是否意味着你应该放弃减肥目标？当然不是。但是，你也需要承认，一个有限的健康标准（如减重）不能够也不应该为解决复杂且通常不可预测的情况负责。与其计划并固守一个万能的可以解决一切问题的目标，不如寻找和探索不同的途径，拥抱复杂性、追求健康，而不是假装制订一个优秀的计划就能一劳永逸地使问题消失。[7]

2. 谁来做决定

你可能还记得，我是在研究黑客社区之后开始探索黑客思维的，我发现黑客社区与许多企业的环境相反，新手黑客不需要著名大学的学位或专门的培训，而是自学成才。大多数企业会建立严格的等级制度和精心划分的领域，而匿名黑客可以在任何时候做他们想做的任何事情，并在这一过程中不断学习。与那些将特定项目（以及它们的成败）责任分配给特定个人或团队的组织不同，黑客是在合作中发展，不以所有权的归属来表彰贡献。[8]

毋庸置疑，组织可以从黑客身上学到很多东西。我们在第一部分中探讨的最有效的诸多变通方案都得益于黑客式的合作，以及看似无关的行动者和资源之间的协作，而这些令人惊叹的互补性在等级森严、各自为政的组织中往往不受欢迎。

从黑客那里获得灵感，一个组织可以制定中心统一的愿景，同时，也应允许人们更为自由地分享并修改观点。黑客的动机源自创造力和好奇心，而不是名声或地位，他们非常具有创业精神，也会遭遇与传统组织所面临的相同的挑战。许多开源的自营项目通过所谓的"仁慈的终身独裁者"模式（BDFL，最初是指 Python 语言的创始人吉多·范罗苏姆），在问责和裁决的需要与协作和灵活性之间找到了平衡点。[9] 在这种模式下，任何人都可以进行改良并做出改变，但在争议较大或进行未来战略决策时，创始人保留最终话语权。

就像黑客和开源开发者社区的工作一样，黑客思维得益于开放协作的环境，创造力并不会从真空中迸发。创新来自各种投入、知识和经验的结合，这些结合扩大了可能性边界。过分强调对特定任务或领域的所有权会阻碍这些探索，并对投入、场景、适应力和人员的重新组合造成障碍。[10]

3. 改变路线

采用有利于变通的策略意味着接受灵活性，也意味着接受各类黑客思维的出师不利、缺点和失败。

采用变通方法往往是面对困难问题的自然反应，因此，很难预测那些特定的干预措施到底只是一场一次性的试验，还是可被推广的事业。鼓励黑客思维需要对上述两种结果的中间状态持开放态度。有些措施，如印度墙壁上贴的印度教神像瓷砖，仅有短暂的寿命。一旦瓷砖松动，墙壁又会被尿液浸泡。还有一些也可能是大规模行动的试验台，兹普来在卢旺达的行动可能帮助该公司在空域更为繁忙的国家开发无人机投递设计和概念。还有一些可能会失败或者在初始阶段看似完全失败。在2001年"浪之女"首航时，它向爱尔兰妇女提供安全堕胎服务的目标失败了，因为该船尚未获得允许医生进行堕胎手术的荷兰许可证。然而，这一明显的"失败"激发了该团队对其他支持者的动员并确定了下一步要采取的变通措施。

实施和推动变通方案要善于倾听，培养这种意识将帮助你识别变通机会并捕捉阻碍变通实施的警告信号。由于许多变通方案所需的投资相对较少，因此在评估形势、调整路线、停止试行时可以减少损失。理想情况下，这种持续的反思和重构可以通过容纳低风险的错误，培养和鼓励大量试验环境产生。这样的创造动力是关键之所在，它需要你采取行动来应对挑战，并相机抉择。

心理学研究告诉我们，完成小而直接的任务可以增强我们的动力；我们可以把这种动力作为继续探索和试验的动机。1996年，研究人员罗伊·鲍迈斯特、埃伦·布拉茨拉夫斯基、马克·穆拉文和戴安娜·泰斯烤了很多巧克力饼干，让实验室里充满香气。然后，他们邀请两组研究参与者到来，并要求他们在房间里等待进行一项任务，参与者不知道的是那项任务本身就不可能完成。在房间中，一组受试者被鼓励享用这些新鲜出炉的饼干，而另一组则被要求吃一碗萝卜。[11] 吃萝卜的人比享受巧克力饼干福利的人更快地放弃了解决棘手的难题。这个著名的试验除了教导我们永远不要拒绝巧克力饼干，还说明了保持动力和避免倦怠的重要性。允许你或你的组织接受并利用变通方法的短期影响，同时评估其可行性和下一步采取的行动，可以使你做好更加充分的准备对未来的机会加以利用。

4. 转移和叠加

不出所料，培养这种投入的、好奇的、动态的思维流动，

变通：灵活解决棘手和复杂问题的黑客思维

好处不仅仅是确定一个变通方法是否可行。与某种情景呈现出的或所需的资源变化持续协调一致，能够帮助你更好地武装自己，以便转移和叠加自己的黑客思维。

转移意味着重新调整你的注意力，以解决未曾预料到的需求或突发事件。[12]当尼克·休斯开始在肯尼亚启动肯尼亚转账服务项目时，他的想法是利用萨法利通信公司现有的基础设施网络来提供小额贷款。但在试验过程中，休斯团队重新认识到，肯尼亚人面临的核心挑战并不是他们最初认为的资金短缺问题，而是资金流动问题。为了调整方向，肯尼亚转账服务团队需要对搜集到的证据做出回应，而这项任务往往说起来容易做起来难，因为你看似放弃了之前的努力以及投入的所有时间和资源，所以做出这样的决定可能很艰难。但是如果不转变方向，则会造成更大的伤害，你会在不合格的"解决方案"上浪费宝贵的资源，并错过其他更有前景的路线。

叠加也需要对新想法有类似的开放性，但需要聚合各种黑客思维来实现你的目标。舍赫拉查德夜以继日地叠加相同的黑客思维，迪诺州长结合了一系列不同的黑客思维为他的国家进口呼吸机，还有许多不同的叛逆者和网络社区逐渐挪开了密码学障碍促进了比特币兴起。这些补充方法表明，堆叠黑客思维可以使其效力倍增并开辟全新的可能性。

培养转移和叠加的必要技能也可以帮助扩大影响。例如，丽贝卡·贡珀茨在寻找法律制度漏洞方面成为一个高手，她和同事利用了诸多漏洞，其成就超越了在公海提供安全堕胎服务的目标。然而，即便是大师，也有其局限性：我发现，一旦个人或组织开始使用其中一种变通方法，他们就会变得专业化，并开始使用越来越多的同类型变通方法。因此我鼓励你挑战自己，结合不同类型的变通方法并将其付诸实践。每一种变通方法都有自己的优势和劣势，并服务于不同领域。

5. 扩大影响力

黑客思维不仅可以有效地、一次性地快速解决问题，也可以被用来解决长期目标。有时，一个快速的解决方案会发展成更宏伟的事业。随着黑客思维以及目标的演化，你可能会面临是否以及如何扩大影响力这样的棘手问题。

在进行积极试验，而非过度规划每一个步骤时，你需要考虑如何让行动与目标保持一致。思考扩大影响力的不同方向（扩张规模、扩展深度或向外延伸）[13]，可以帮助你根据自身的场景和期望来校准相应的变通方法。想要延展你的边界或者"扩张规模"吗？你会不会通过"扩展深度"来建立更长久、更持续的联系？或者通过"向外延伸"让你的变通方法自给自足，从而减少自己的投入？

扩张规模意味着在不同的环境中复制你的黑客思维，扩大你的影响。"浪之女"的目标是向居住在堕胎非法国家的妇女提供堕胎服务。贡珀茨的第一个变通方法是搭乘荷兰船只在公海上提供安全的堕胎服务。这个方法原则上可以在任何有海洋的

变通：灵活解决棘手和复杂问题的黑客思维

国家进行复制；就算船驶向波兰、巴西或摩洛哥，也没什么问题。该组织的第二个变通方法（凭荷兰医生的处方来邮寄可在适应证外使用的堕胎药）更加灵活，并具有更大的发展潜力，因为邮寄药品比航行到各国所需的时间更短、资源更少。

扩展深度意味着建立更强的联系，使个人或组织更深入地融入黑客思维的运作环境中。[14]"扩张规模"和"扩展深度"并不相互排斥，可以思考一下肯尼亚转账服务是如何同时追求这两种战略的。当沃达丰和萨法利通信公司将肯尼亚转账服务扩展到不同的国家时，它们也同时确保了这个新的银行平台与肯尼亚当地政府、企业甚至传统银行的联系更加深入。通过关注当地的这些背景因素，肯尼亚转账服务对该国的政策和公民的日常生活逐渐产生了更大的影响，若非超越了该项目设计的初衷，它也不会有此成就。

向外延伸是为了确保你的黑客思维比你的寿命更长。如果你的黑客思维仅依赖于你的知识、投入或资源，那么当你离开（履新或退休、资金用完、所在公司改变优先事项）时，会发生什么呢？在国际发展援助的背景下，这种考量尤为重要：低收入国家得到过许多援助组织[15]和个人英雄派企业家的援助，他们经常把自己描绘成救世主[16]，他们的干预非但没有解决问题，反而经常加深依赖性，有时会使事情变得更糟[17]。一旦资助周期结束或企业家分心，这些补丁就会分崩离析，并造成基础设施崩溃、资金被剥离，人们对改革失去希望。当我去赞比亚研究"可乐生命"时，当地人报告说，当他们看到美国国际开发署的标志时就认为这个项目基本上会在结项后崩溃。

"可乐生命"的创始人也有这种挫败感。从一开始，贝瑞夫妇就知道该组织的影响力必须超过他们自身。用西蒙的话说："我们从一开始就认为，我们应该以一种自给自足的方式离开赞比亚。"他们使用了一个又一个借东风的变通法，利用现有的结构，逐渐使自己变得多余。套用简的话说，这样他们就可以悄无声息地离开这个国家。虽然一开始只是想实施一个变通方法，但最后还是使用了很多变通方法使其他人也能够掌握自己的命运，建立自主权，并强化当地行动者之间的联系，从而使当地行动者将该方法扩张到国内更多的地区。当贝瑞夫妇离开这个国家后，在当地参与者的带领下，腹泻治疗的普及率也提高了。

企业文化

黑客思维可以发生在各种规模和不同部门的组织中。从等级森严的矿业集团到一夜爆火的初创企业，企业文化中的三个关键属性：动态主义、实用主义和问责制可以塑造人们创造、探索和评价变通的方式。实施黑客思维的三个最佳实践是：先行后想、尽力而为以及先斩后奏。现在我们将对上述每一项进行深入探讨。

1. 先行后想

变通策略的精髓是迅速、可塑性强，并能很好地适应不断变化的环境，包括关系网、资源和知识的变化。然而，我们往往没有意识到，新的经验不仅改变了我们的思维方式，也改变了我们的身份。正如组织行为学者卡尔·韦克所说："我何以知道自己在想什么呢？——只有在我做了什么以后才知道。"

伦敦商学院教授埃米尼亚·伊贝拉说，如果我们想做出改变，就必须扭转指挥我们"三思而后行"的传统智慧。只有在我们尝试了陌生的事物之后，才能观测到结果，体会到它的感觉，观察他人的反应，并反思这一经历给我们带来的启示。[18]

采取这样积极、动态的方法并不意味着减少思考。更确切地说，它意味着我们的感知过程，即我们解读周围环境、塑造身份和识别机会的方式，往往与矛盾和怀疑同行，因为我们周围的世界纵横交错，并且处在不断变化之中。我鼓励你接受这种不确定性，探索其中孕育的机遇，然后总结反思。[19]

当"可乐生命"开始实施他们的想法，即利用可口可乐的配送系统运输治疗腹泻的救命良药时，该组织首先开发了药物包装，并通过一个准试验性的试点来探索借东风式的黑客思维。贝瑞夫妇和他们在当地的合作伙伴先驱先导，与许多利益相关者接触，然后收集数据和观测值，从中了解什么有效、什么无效。他们意识到，可口可乐板条箱中的空间并不是最重要的，事实上，骑着自行车或摩托车将消费品运送到偏远地区的人，经常会把药品捆在板条箱上，或与糖、咖啡、食用油等商品绑在一起。虽然他们获奖的包装设计优良，但实际上是价值链上所有参与者之间的相互作用，才使得"可乐生命"建立了可供自我维持的模式。贝瑞夫妇需要针对已获得的信息调整行动，他们一开始从字面意义上搭了可口可乐箱子的顺风车，后来转向借消费品既有价值链的东风。如此演化，借东风变通法得以在全国范围内迅速扩张。

2. 尽力而为

由于公司的资源和技能是有限的，即使是世界上最大的公司，也无法掌握全部的知识和信息来回答它们所面临的问题。而且，由于世界变幻莫测，即便有可能对现实状况进行精准描绘，如此这般的智慧也赶不上变化的速度。正是由于存在信息不对称的现实，我们才需要重视和采纳不完整的局部解决方法：它们可能拙劣，但用牛津大学教授斯蒂夫·雷纳的话说，"它们真是管用"[20]。

那么，在承认现实不完美的同时，我们应该如何在组织中为个人发展创造一个绝佳的培养环境呢？我们可以从儿童的发展研究中开始学习。英国精神分析学家唐纳德·温尼科特是第一个将"包容性环境"这一想法概念化的人。他观察到那些给予陪伴的、赋予安全感的，并且不苛求子女的父母是如何创造有利于孩子健康成长的环境的，这种环境既不过分宽松，也不过分溺爱,"尽力而为"的父母最有可能引领孩子健康成长。他们让孩子感到舒适和好奇,非但不阻止,反而支持他们逐渐发展出强大和独立的自我意识。这些小大人甚至能够识别父母的错误行为,这非常了不起,因为孩子们需要学习应对一个不完美且纷繁复杂的世界。[21]

包容性环境正是黑客思维蓬勃发展的基础。想想第一部分中介绍的许多好胜组织。由于没有太多的资源或权力,它们坦然接受了"尽力而为"的精神,这允许进行局部的、不完美的和非常规的尝试。

然而,就像那些古板守旧的父母一样,大型组织的领导人往往对"正确"的方法抱有执念,这就扼杀了员工的个人发展。追求"完美"的文化,鼓励员工以传统的而非创造性的方式对目标、工具和机会进行思考,使得他们过于自信地走在一条确定的"康庄大道"上,从而错过了通向罗马的"条条大路",而这些道路原本可以通过在未知的试验中进行求索。

第一部分介绍的那些好胜组织,通过扩展可能性边界,增加了演变的机会。例如,在贡珀茨开始在公海上提供堕胎服务之前,大多数人认为,对于那些无法自由堕胎的国家的妇女来说,除了艰难地改变国家立法再无他法。而贡珀茨的务实性做法动员了更多的人加入她的事业,启发她们尝试新奇有效的方法来推动变革。

这种实用主义文化[22]可以在各种规模的公司和不同部门中培养,尤其应在开发尖端技术的公司中培养,甚至可以被来自公

第八章 组织制度中的黑客思维

司地下室的一系列变通方法所促进。考虑一下明尼苏达矿业及机器制造公司和惠普公司早期对越轨创新者的态度如何改变了这些公司的企业文化，并催生了支持自主性和灵活性的创新政策。实用主义文化不需要自上而下地发起，员工可以通过绕开规范，彰显不完美试验性方法的价值从而战胜他人，引发变化。

在某种程度上，实用主义和黑客思维形成了一种自我强化的行为：员工越是绕开障碍开展工作就越容易在组织中激发实用主义文化，而实用主义文化越是被他人分享，就越有可能使整个环境接纳和实施黑客思维。

3. 先斩后奏

因为黑客思维绕过了各种可见的障碍，所以不要指望它们能在要求成员唯命是从的企业文化中茁壮成长。在塑造善于变通的文化方面，一些规则的存在的确有所助益，否则又有什么好变通的呢？然而，黑客思维在挑战规则的文化中更为盛行。

如牛津和剑桥这样的百年大学，有许多传统规则。在剑桥，规则的范围甚广，从不能踩踏某些学院的草坪，到不能当着同学的面唱"祝你生日快乐"，再到每学期至少要在圣玛丽教堂方圆 3 英里内待够 59 晚。学生并不太把这些传统当回事。事实上，许多学生以无视和绕过它们为荣，我经常看到人们在思考（或积极尝试）如何绕过这些规则。有时，这会导致恶作剧（时刻保持警惕的门卫会允许你在草地上爬吗）。工作人员和学生经常

变通：灵活解决棘手和复杂问题的黑客思维

利用规则的模糊性来绕过它们。

例如，这本书就诞生于一种由黑客思维促成的探索之中。当我申请剑桥大学的博士学位时，我想研究如何破解各种复杂的系统，来解决迫在眉睫的可持续性问题。对我来说，这是一个未知的领域。我对此知之甚少，彼时关于黑客的证据不多，也没有人将黑客思维作为一种促成社会环境变革的方式进行研究，而变革却迫在眉睫。由于我必须与黑客打交道，他们往往受到媒体的恶评，因此我的研究对大学而言风险很高。我还知道，剑桥大学的遴选过程竞争十分激烈。我的一生大部分时候都是在巴西学习，还要与其他已经拥有常春藤大学学位的博士候选人竞争。我需要一份令人惊叹的研究计划才能被录取，那时黑客思维的时机尚未成熟。于是，我选择绕过障碍：围绕自己拿手的且明显会受大学和资助机构青睐的主题写了一份研究计划。幸运的是，当我加入剑桥大学制造研究所时，它们的共享理念是"先斩后奏"。因此，我不必获得批准就可以实践，如果我的黑客想法可行，并可以说服大学和资助者相信它值得推进，那最好了；但如果它不可行，那我也可以继续开展其他研究。

虽然这种共享理念并不是正式的规则，但积习成俗的引导滋养了变通思维的环境，这有时意味着，要想推动科学和教育的边界，需一步一个脚印地实践变通。

第八章　组织制度中的黑客思维

领导力

马尔科姆·格拉德威尔在《纽约客》的一篇文章中写道："史蒂夫·乔布斯一生的伟大之处在于有效地用他的特质——傲娇、自恋和粗鲁来成就完美。"[23]这种"完美局外人"的观点存在两个显而易见的问题。第一，将史蒂夫·乔布斯这样的白人富豪如此描绘并将其偶像化并不准确，这与普遍存在的种族、性别和收入不平等有着内在联系。这样的形象让我们认为他们如同英雄一般具有罕见的盖世之才，而实际上，这不仅为他们佩戴了军功章，而且使他们粗鄙的行为被洗白，如傲娇、自恋和粗鲁。这种做法与特权有关，与能力无关。第二，完美也被高估了，它是一个遥不可及的抽象概念，是一个猜测。世界之所以发生变化，是因为人们在不断地探索优化路径并试图对杂乱无章的状态进行管理，而不是因为一些有远见的人已经找到了那条正确的路并顽固地坚守着。[24]

我建议不要把这些所谓的变革者当作偶像，而是要关注一下领导力的两个关键方面，即安全网的重要性和管理混乱的能力，这也是被管理界低估的两个方面。

1.承担风险

宾夕法尼亚大学教授、畅销书作者亚当·格兰特错过了一个伟大的投资机会。因为，他认为所有成功的企业家都是胆识过人的风险承担者。格兰特在他的《离经叛道》一书中写道，2009 年一位 MBA（工商管理硕士）学生游说他投资沃比·帕克，并为他奉上投资这家眼镜公司的机会。现在，这家公司已经价值数十亿美元。但是，格兰特当时拒绝了这一提议，因为沃比·帕克的联合创始人并不是成功企业家的传统典范：他们不愿意辍学，在公司里也非全职，还有其他工作做备胎以防创业失败。[25]

商业书籍经常延续辍学者的神话，而这些书往往侧重于男性。他们以坚定的决心和意志力，在父母的车库里追求大胆的创意。这些领导者和风险承担者为了追求正确的愿景而延迟满足，并抵挡住了眼前的诱惑。虽然这些不完整且不准确的故事可能会被拍成不错的电视剧，但现在是时候揭穿无畏的英雄神话了。许多媒体宠儿被描绘成伟大且有远见的冒险家，实际上他们有一张安全网为其赌注保驾护航。例如，比尔·盖茨的传记作者经常把他描绘成从车库起步的、出类拔萃的孤独天才。他在卖出新的软件程序之后，整整等了一年才离开学校然后全身心地投入微软。他一开始并没有退学，而是申请了休学，并依靠父母为他提供的资金，以防微软失败时没有回旋的余地。[26]

领导力不是少数特殊个体与生俱来的能力，它形成于在不确定性下做出的一系列决策之中，在人类探索新机会的过程中，这些决策伴随着人类面临的恐惧和犯下的错误。在不确定性下，安全网可以帮助我们对冲风险。[27] 由于没有安全网，许多人被剥夺了成为领导者的权利。与测试商业想法相比，设计变通方案初始时无须巨大的安全网。事实上，变通方案往往是在拮据和潦倒的环境中蓬勃发展的。未来的领导者可以从边缘地带探索替代方案，无须过多地依赖特权庇佑，同时，他们也可以对变通方案进行测试。

当变通的方法越来越多，新的机会也越来越多时，事情就会变得更加复杂。随着黑客思维的发展，在实施时往往需要更多的投入，而这时，安全网就变得至关重要。考虑一下，第一部分介绍的一些最具影响力的变通方法是如何被创造出来的，那些人有全职工作或其他安全网，给予了他们保障生活所需的稳定性。与此同时，他们追求变通方法，从而解决他们真正关心的问题。例如，许多推动密码学发展的"赛博朋克"在大学（如麻省理工学院或斯坦福大学）或互联网技术公司（如 IBM）有工作。露丝·巴德·金斯伯格在与美国公民自由联盟一起致力于她的第一批性别歧视案件时，在罗格斯大学法学院也有一份工作。通过对冲风险，他们可以进一步发展自己的变通方法，并在不对生活造成太大影响的情况下扩大其影响。

2. 管理混乱

正确道路的神话通常伴随着一种期望，即领导者拥有一个不可挑衅的愿景，他们甚至会不顾一切地追求它。其基本假设是，未来是预先确定的，但它只出现在少数特权人士身上，他们与当下周旋，并最终引导所有人面对不可避免的宿命。欧洲工商管理学院的教授杰派罗·派崔列回忆说，当他问学生什么是优秀领导人的特质时，有人立即说"视野"，大家都点头表示同意。学生都倾向于有远见的人应该指挥和激励大众。派崔列表示，有效的领导者实际上是在解析不确定性，舒缓痛苦，并帮助人们逃脱认知混乱的困境。这些领导者选择性地照亮困难的阴霾，提供足够的光线或洞察力，以明确方向、保证信心，并凝心聚力，但又不至于让人有压迫感或感到苦恼。[28]

变通的方法只是尽力而为，而鼓励变通的领导者充其量也只能是尽力为之。用组织理论家拉塞尔·阿克夫的话说，领导者应该"有效地管理混乱"[29]，而不是试图勾勒一个不存在的完美世界。考虑一下不同的领导人如何应对新冠疫情的高峰期，新西兰总理杰辛达·阿德恩让公民了解问题的性质和严重性，给他们吃了定心丸，并培养了社会凝聚力，同时采用了保持社交距离的变通方法。[30] 相反，巴西总统雅伊尔·博索纳罗试图掩盖问题，拒绝承认这个烂摊子，更别说去管理它。[31] 自我膨胀的领导风格，不仅使创造力和变通的可能性受到损失，还造成了数千人死亡。

团队合作或单枪匹马

一个组织的变通可能性不仅仅取决于领导者和高层管理人员，它同样依赖于工作场所中的互动。然而，那些没有处在高位的人常常发现自己怀才不遇，老板不接受他们的奇思妙想，

第八章 组织制度中的黑客思维

公司过于专注生存,同事亦沉迷于朝九晚五的打卡……好消息是,黑客思维不一定需要其他人参与。如果你能邀请他人参与其中,你的影响力会更大,但你也不会希望潜在的合作者阻碍你实现目标。在这里,我将给你提示一些切入点,以便你思考是否愿意与他人合作,以及如何进行合作。

1. 与他人一起变通

与黑客思维一样,与潜在合作伙伴接触的方法也具有多样性。我受益于管理学者所称的"稳健行动"[32],以此在多样化的组织背景下,与来自各行各业的人产生灵感火花。"稳健行动"的核心原则与本书的主题相呼应:我们对自己的问题并不真正了解,短期的干预措施有利于日后的成长和探索。

"稳健行动"提出了三种参与形式,不存在特定的排序,你也可以把它们结合起来。第一种是对多元化的观点敞开心扉,尽可能多地从诸多差异化的解析和样本中学习。因为变通的灵感往往来自对不同观点的接触,尤其是在你的组织范围之外进行探索。倾听不同的声音,包括那些你可能听不惯的声音。第二种是设计参与架构,提供能够容纳不同行动者进行互动、分享和学习的平台(从社交媒体到现场会议)。第三种是允许与他人进行联合试验。专注于不完整的想法并寻找互补性,将会使你发现新的机会。[33]

这种方法仍然可以一对一地使用,并从第七章的提示中获益。例如，你可以简单地通过电子邮件联系一些人，征求他们的意见。也可以列出你正在考虑的问题，描述可见的障碍，厘清常规的解决方案，然后向他们征求变通的想法，并开始对话。

如果是在一个组织中工作，那你可以举办一个研讨会。根据我举办这类研讨会的经验，它们通常无须太多指引。你只需要解释这四种变通式的黑客思维，并给出一两个提示，让参与者思考具体的挑战，无论是关于个人方面的问题还是关于组织方面的问题皆可。然后激发他们的创造性，培养"尽力而为"的精神，允许他们讨论、分享，并以不同的方式展开思考。最后，要求参与者根据他们自身或其组织的兴趣、可行性和潜在影响力来确定想法的优先次序。

2. 单枪匹马地变通

协作虽然富有成效，但向挤进你会议室的所有人征求意见并不总是事半功倍。事实上，黑客思维也有助于排除工作场所中的其他影响，从而帮助你完成更多的或不同的任务，甚至可以在不产生严重负面反响的情况下，帮助你拖延时间。

如果你有足够的创造性思维，那不需要依赖他人，例如不必借别人的东风，通过次优解，足以用最小的投入完成任务；如果你能够使用迂回变通法，那就可以赢得额外的时间来提交那份无聊的报告；如果你能发现技术上正确的漏洞，那就可以延长截止日期。

第八章　组织制度中的黑客思维

我曾经有一个老板回复电子邮件的方式很不稳定，因为我不知道他是否会及时回我信息，这给我带来了持续的压力，并花费了大量时间研究如何更快获得他的回复。他是按照什么顺序回复邮件的呢？他是如何确定邮件的优先次序的呢？他是从头开始还是从尾开始呢？作为一个低级别的实习生，怀揣避免冲突的心理使我束手无策。我询问了其他与他共事的同事，并慢慢收集了关于他回复电子邮件习惯方面的信息。最后，我发现在早上五点半前后，他会从最新收到的邮件开始疯狂回复，他会更加关注收件箱顶部的最新邮件。

有了这些信息我意识到，在工作日给他发的邮件基本上都会被压在收件箱的底部。然后，我尝试了一些新的做法：我没有在写完邮件后立即发送，而是将邮件设置为按照预先设定的时间发送。我还设定了不同的发送时间，一天在凌晨1点47分发送，另一天在凌晨2点3分发送，以免引起他的怀疑。在第一个月，我的邮件回复率提高了63%（作为书呆子的我做了算术题）。我的前老板直到现在还认为我是个夜猫子，而事实上我是一只早鸟，当我的邮件送达他的收件箱时，我正在享受深度睡眠。

有时，我们需要绕开他人工作，而非与其共事。这取决于在特定情况下，你对必要性或适当性的决策。综上所述，我的电子邮件焦虑症相当微不足道。我们经常发现自己在职场面临更多的日常障碍，从同事们恼人的习惯，到上级强加给我们的成文的规则以及不成文的期望。有了黑客思维，你就能用自己认为合适的方法，巧妙地削弱这些挑战。

3. 是否需要别人参与

与时尚一样，市场对独特的商业策略青睐有加。早前，企业为确保其创新项目不走漏风声，会限制合作。近些年，企业接受了开放式的创新战略，越来越重视与不同渠道的合作，有时甚至是与竞争对手合作。[34] 他们不仅向他人进行咨询，还在共同创造的过程中[35]，与更宽层面的利益相关者积极接触。

协作有优势也有劣势。一方面，优势非常明显，与他人合作意味着可以获得更多的资源、知识和经验，并可以在此基础上发展。另一方面，合作也具有挑战性并耗费时间，比如，需要识别和吸引合作伙伴，积极倾听，协调不同的目标、时间表和工作风格，并达成协议，这些都是大工程。

此外，群体决策不一定是最好的。事实上，心理学家和行为经济学家早就指出，群体厌恶冲突的偏好会导致我们对糟糕的从众决策过度自信，这种现象被心理学家称为"群体性思维"[36]。

追求变通的方法并不意味着仅仅为了合作而合作。相反，你可能一开始就希望向一些你认为可以贡献技能或资源（包括热情）的人进行咨询，而不是建立一个需要管理、达成共识和投入巨资的大规模团队。当你的解决方法获得牵引力且需求发生变化时，你就会天然地找到机会与其他具有不同能力的人合作。

黑客思维是即时的、机智的、足够好的，它的核心优势是

第八章 组织制度中的黑客思维

你可以在不经意之间完成使命。协作可以促进变通，但灵活性胜过协作。如果你对团队、对合作持有执念，或者不能将新的想法付诸实践，即使你想出了一个伟大、讨喜的变通方案，也会由于你并不是以一种变通的态度来对待它而无法帮助你改善该组织的可变通性。

尾 声

工作之外的黑客思维

你已经准备好试验新的蛋糕配方了。在开始准备材料时，你意识到牛奶没有了，该死，你不可能一路开车去沃尔玛买牛奶。不过你的冰箱里有奶油，如果把它和水调和在一起来代替牛奶呢？你一边大口吃着蛋糕，一边用父母的账号刷网络视频。第二天早上，你觉得自己像个老树懒，没有时间去健身房燃烧那些蛋糕的热量。于是你提前一站下车，通过走路来消耗热量。

即使你毫无意识，黑客思维也塑造了你的选择。在笨拙地帮你应对混乱生活的同时，它们还让你尝试用其他方式来替代司空见惯的行为方式，有条不紊地使用有效的方法，忘记无效的方法。一旦变通方法取得了成功，你就会发现它是一条始终正确的道路。

黑客思维是如此沉默寡言却有效，以至于我们常常未能给予其应有的赞美。在一次讲座中，当我简单介绍了自己的研究后，有一位持怀疑态度的学生不屑地评论，黑客思维就像"巨无霸套餐搭配健怡可乐"，它们似乎是一种徒劳的努力，只提供了情感上的安慰，让人觉得你是在"做事"，但没有解决真正的问题。

对于这种言论，我必须给这位学生一些建议，"巨无霸套餐搭配健怡可乐"的确充其量只是一个略微健康的选择，黑客思维并不会完美。然而，这个学生的比喻具有误导性。他没有充分考虑到，我们经常假定问题是清晰且具体的，而且每个问题有且仅有一个解决方法。仅仅是一份热量稍低的快餐就能解决健康问题吗？也许不能，但这是在影射个人的不良饮食习惯，还是剑指那个为我们提供无营养高度加工食品的复杂系统呢？健康又该如何定义呢？难道旧石器时代的饮食习惯就能永久解决个人健康问题吗？又或者是能解决社会的健康问题呢？

如果你追寻身体健康，就会瞄准一个移动的靶子。如果不再执着于一次性的解决方案，而是专注于以适应性、持续性和想象力来解决问题的方式，那么我们会发展得更好，而变通式的黑客思维可能会开启世界发展所需的持续变革进程。

一个更好的比喻是将黑客思维视为解决偏头痛的方法。如果你得过偏头痛，就会明白缓释症状的价值所在，即使缓释手段无法从根本上解决问题。这些干预措施可能不是最佳的解决方案，但非常有效，能够迅速满足我们的紧急需求。就像偏头痛一样，反复遭遇和应对同样的挑战，会帮助你开启识别模式，并制订更为持久的解决方案，其中可能包括最初完全意想不到的解决方案。

你或许还记得露丝·巴德·金斯伯格是如何以变通的方法

尾　声　工作之外的黑客思维

作为切入点，最终与其他人一起推翻了基于性别歧视的整个系统。在阅读第一部分时，你可能并没有考虑到，她的这种黑客思维也有助于启发和重新评估其他不同的挑战。当她第一次为妇女的法律权益做辩护时，她可能没有过多考虑性别认同或性取向，但她的变通方法促使性别表达和性别身份被重新定义，进而改变了其他法律裁决对性别歧视的理解。

像露丝·巴德·金斯伯格采取的黑客思维使我们能够优雅地、创造性地偏离束缚我们的剧本。我们探索了一些替代方案，逐渐推动了更深层次的改变，包括如何解析、如何判断，以及如何与世界进行互动。

黑客思维也使我们能够摆脱束缚，特别是在我们手无缚鸡之力的情况下。这样的愿景适用于我们日常所面临的挑战，而当我们看向更加复杂、更加不确定的宏观社会问题时，这种展望则更加明朗。想一想贫穷、气候变化、社会不平等问题，它们并非无缘无故地持续存在。决策者常常身陷复杂的分析和官僚主义之中，而茫茫人海中的我们却感到无能为力并被等级制度所束缚。

本书中所介绍的那些好胜组织，尽管缺少资源、权力和信息，却向我们展示了一个充满活力和可能性的世界。多亏了它们，我才明白了简单的黑客思维可以帮助我们在不确定的情况下摸索前进，缓解燃眉之急，甚至帮助我们探索前无古人的未知道路，它们也许会把我们带向崭新的、更好的地方。

致　谢

写完这本书时，我回想起了一段有关于青春期的记忆，想起了父母对我的兴趣、价值观和志向产生的巨大影响。那时，他们给了我一张信用卡，同时也告诫我："除了书和食物，在购买任何东西之前你必须想清楚。"几十年后，我发现自己出版了一本书，并娶了一位烘焙师！这就是我的梦想。妈妈，弗洛伊德能解释这个吗？

朱作为我的搭档，一直都在给予我支持。她阅读了早期的草稿，提出了建议，并帮我搜索案例，甚至在我疲惫和抱怨的时候包容我。在我们探索新领域的征程上，我非常感谢她的爱和鼓励。

如果没有史蒂夫·埃文斯，这项研究就不会启动。当与他第一次会面时，我以为自己会见到一个穿着斜纹软呢套装、说着复杂专业术语的教授。然而，他来参加会议时却穿着一条有大口袋的短裤和一双配错对儿的袜子，一只红色，一只绿色。此后，史蒂夫启发并激励我也去寻找非常规的搭配。

变通：灵活解决棘手和复杂问题的黑客思维

写这本书最大的乐趣是有机会与一些不可思议的人合作并向他们学习。麦克斯·布罗克曼从一开始就给予了我坚定的支持。他帮助我制订把获得布拉肯·鲍尔奖的论文转化成图书的计划。他还为我和威尔·施瓦布牵线搭桥，我很快意识到威尔是这项工作的最佳人选。威尔帮助我提炼了想法，完善了本书的结构，并润色了文本。自从萨姆·祖克古德加入编辑团队，我便依赖于她的新看法、热情和对细节的掌控。我很感谢玛吉·卡尔对文字的精心编辑，以及摩根·米切尔作为制作编辑对细节的关注。有幸与安德里亚·布罗迪·巴雷一起起草书稿并向她学习，使我的想法更加清晰。

在过去的七年里，我非常幸运地从多个渠道获得了资金支持，这对完成研究至关重要，包括盖茨信托基金、巴西国家石油公司、IBM 政府业务中心、桑坦德银行、斯科尔社会创业中心以及牛津大学、杜伦大学和剑桥大学。

在过去的三年里，马克·文特雷斯卡和泰龙·皮特西斯坚定不移的支持和建议超出了我的预期！在牛津，我也受益于与许多同事的互动，如罗纳德·罗伊、杰伦·伯格·曼、马尔科姆·麦卡洛克、玛丽亚·贝沙罗夫、丹尼尔·阿玛尼奥斯、托马斯·赫尔曼、皮纳尔·奥兹坎、安娜贝尔·高尔、汤姆·劳伦斯、理查德·惠廷顿、彼得·德罗巴克、扎伊纳布·卡巴、杰西卡·雅各布森、布朗文·杜蒂希以及其他许多人，他们都曾支持我的工作。

通过与各界人士的多次讨论，这项研究得到了进一步的精

致　谢

练。他们在帮助我识别和联系好胜组织方面发挥了关键作用，如亚瑟·库克斯、阿西娅·伊斯拉姆、爱丽丝·穆本德、阿尼尔·古普塔、拉格文德拉·塞沙基、阿尔琼和尼基塔·哈里斯、路易斯·克劳迪奥·卡尔达斯、马里亚纳·萨瓦吉特、安娜克劳迪娅·格洛西、爱德华多·科西尼和露西娅·科西尼。还有很多人推动了我的工作，帮我解释数据并提供了宝贵的反馈，例如卡西·亨德森、蒂姆·明希尔、弗兰克·蒂策、迈克·坦南特、托马斯·鲁莱特、罗布·法尔、坎苏·卡拉比耶克、考特尼·弗罗里希、苏珊·哈特、克里斯托斯·齐诺普洛斯、弗拉维亚·马克西莫、居里·帕克、凯瑟琳·蒂利、马丁·盖斯多费尔、奥拉米德·奥贡托耶、基斯滕·范·福森、泰拉·佐默、克拉拉·阿兰达、阿林·库里、朱莉安娜·布里托、劳拉·韦斯比奇、弗拉维亚·卡瓦略、图利奥·基亚里尼、阿里·哈拉齐、加布里埃拉·赖斯、尼西亚·韦尔尼克、安娜·伯查斯和卡洛斯·阿鲁达。

我要向我在工程科学系、赛德商学院和伍斯特学院（牛津大学）的所有同事，以及许多帮助我试行早期想法的学生致谢。最后，如果没有来自贝瑞夫妇以及遍布世界各地的受访者向我敞开心扉，这项工作将无法完成。我希望本书不会辜负他们的慷慨和智慧。

注 释

作者推荐

1. UNICEF, "Diarrhoea-UNICEF Data," UNICEF Data, July 29, 2021.

引言

1. James Verini, "The Great Cyberheist," *The New York Times*, November 10, 2010.
2. Paul Buchheit, "Applied Philosophy, A.k.a. 'Hacking'," Blogspot.com, November 5, 2021.

第一章 借东风

1. "低收入"经济体的定义参考世界银行 Atlas 分类法。2022 财年人均国民总收入小于等于 1 045 美元的经济体被定义为低收入经济体；中低收入经济体指人均国民总收入在 1 046～4 095 美元的经济体；中高收入经济体指人均国民总收入在 4 096～12 695 美元的经济体；高收入经济体指人均国民总收入大于等于 12 696 美元的经济体。更多详细信息请参考：World Bank, "World Bank Country and Lending Groups," Data World Bank, 2022。
2. Jan Sapp, *Evolution by Association：A History of Symbiosis*（New York:

Oxford University Press, 1994）.
3. Peter Day, "ColaLife: Turning Profits into Healthy Babies," *BBC News*, July 22, 2013.
4. "Global Diarrhea Burden," Centers for Disease Control and Prevention, 2021.
5. Li Liu, Hope L. Johnson, Simon Cousens, Jamie Perin, Susana Scott, Joy E. Lawn, Igor Rudan, et al., "Global, Regional, and National Causes of Child Mortality：An Updated Systematic Analysis for 2010 with Time Trends since 2000," *The Lancet* 379, no. 9832（June 2012）: 2151–61.
6. WHO and UNICEF, "Diarrhoea：Why Children Are Still Dying and What Can Be Done," 2009.
7. Ministry of Health, Republic of Zambia, "National Health Strategic Plan 2011–2015," December 2011.
8. Rohit Ramchandani, "Emulating Commercial, Private-Sector Value-Chains to Improve Access to ORS and Zinc in Rural Zambia：Evaluation of the Colalife Trial," PhD diss., John Hopkins Bloomberg School of Public Health, 2016.
9. Dalberg Global Development Advisors and MIT-Zaragoza International Logistics Program, "The Private Sector's Role in Health Supply Chains：Review of the Role and Potential for Private Sector Engagement in Developing Country Health Supply Chains," October 2008.
10. "A Video of the Full Intreview with iPM," ColaLife, July 5, 2008.
11. Ramchandani, "Emulating Commercial, Private-Sector Value-Chains."
12. Simon Berry, Jane Berry, and Rohit Ramchandani, "We've Got Designs on Change：1—Findings from Our Endline Household Survey（KYTS-ACE）," ColaLife, March 31, 2018.
13. ColaLife, "The Case for Co-Packaging of ORS and Zinc," ColaLife, December 4, 2015.
14. WHO, "WHO Model Lists of Essential Medicines," accessed April 2020.
15. Simon Berry, "The ColaLife Playbook Launches Today（28-Oct-20）," ColaLife, October 28, 2020.

注 释

16. Christopher H. Sterling and John Michael Kittross, *Stay Tuned*：*A Concise History of American Broadcasting*（Belmont, Calif.：Wadsworth, 1990）.
17. Deborah L. Jaramillo, "The Rise and Fall of the Television Broadcasters Association, 1943–1951," *Journal of E-Media Studies* 5, no. 1（2016）.
18. William H. Young and Nancy K. Young, *The 1930s*（*American Popular Culture Through History*）（Westport, Conn.：Greenwood Press, 2002）.
19. Frank Orme, "The Television Code," *The Quarterly of Film Radio and Television* 6, no.4（July 1, 1952）：404–13.
20. John A. Martilla and Donald L.Thompson, "The Perceived Effects of Piggyback Television Commercials," *Journal of Marketing Research* 3, no. 4（November 1966）：365–71.
21. Alison Alexander, Louise M. Benjamin, Keisha Hoerrner, and Darrell Roe, "'We'll Be Back in a Moment'：A Content Analysis of Advertisements in Children's Television in the 1950s," *Journal of Advertising* 27, no. 3（May 31, 2013）：1–9.
22. Alexander, Benjamin, Hoerrner, and Roe, "We'll Be Back in a Moment".
23. John M. Lee, "Advertising：Piggyback Commercial Fight," *The New York Times*, January 8, 1964.
24. Brandon Katz, "Digital Ad Spending Will Surpass TV Spending for the First Time in US History," *Forbes*, September 14, 2016.
25. Angela Watercutter, "How Oreo Won the Marketing Super Bowl with a Timely Blackout Ad on Twitter," *Wired*, February 4, 2013.
26. Jess Denham, "Spongebob Squarepants Film Posters Spoof Fifty Shades of Grey Movie and Jurassic World," *The Independent*, February 2, 2015.
27. Daniel Victor, "Pepsi Pulls Ad Accused of Trivializing Black Lives Matter," *The New York Times*, April 5, 2017.
28. Steve Olenski, "American Apparel's Hurricane Sandy Sale—Brilliant or Boneheaded?" *Forbes*, October 31, 2012.
29. Morgan Brown, "The Making of Airbnb", *Boston Hospitality Review* 4, no. 1（2016）.

30. Max Roser and Hannah Ritchie, "Hunger and Undernourishment," *Our World in Data*, October 8, 2019.
31. WHO, "Assessment of Iodine Deficiency Disorders and Monitoring Their Elimination：A Guide for Programme Managers," 3rd ed., World Health Organization, 2007.
32. WHO, "Goitre as a Determinant of the Prevalence and Severity of Iodine Deficiency Disorders in Populations," Vitamin and Mineral Nutrition Information System, 2014.
33. R. M. Olin, "Iodine Deficiency and Prevalence of Simple Goiter in Michigan," *Public Health Reports*（1896–1970）39, no. 26（June 24, 1924）：1568–71.
34. David Bishai and Ritu Nabubola, "The History of Food Fortification in the United States：Its Relevance for Current Fortification Efforts in Developing Countries," *Economic Development and Cultural Change* 51, no. 1（October 2002）; Jeffrey R. Backstrand, "The History and Future of Food Fortification in the United States：A Public Health Perspective," *Nutrition Reviews* 60, no. 1（January 1,2002）：15–26.
35. UNICEF, "Iodine".
36. Gail G. Harrison, "Public Health Interventions to Combat Micronutrient Deficiencies," *Public Health Reviews* 32, no. 1（June 2,2010）：256–66; Eva Hertrampf and Fanny Cortes, "Folic Acid Fortification of Wheat Flour：Chile," *Nutrition Reviews* 62, no. 1（June 2004）：S44–48.
37. T. H. Tulchinsky, D. Nitzan Kaluski, and E. M. Berry, "Food Fortification and Risk Group Supplementation Are Vital Parts of a Comprehensive Nutrition Policy for Prevention of Chronic Diseases," *European Journal of Public Health* 14, no. 3（September 1, 2004）：226–28.
38. WHO and Food and Agriculture Organization of the United Nations, *Guidelines on Food Fortification with Micronutrients*, eds. Lindsay Allen, Bruno de Benoist, Omar Dary, and Richard Hurrell（WHO, 2006）.
39. Sharada Keats, "Let's Close the Gaps on Food Fortification—for Better Nutrition," Global Nutrition Report, January 28, 2019.

40. Victor Fulgoni and Rita Buckley, "The Contribution of Fortified Ready-to-Eat Cereal to Vitamin and Mineral Intake in the US Population, NHANES 2007–2010," *Nutrients* 7, no. 6（May 25, 2015）：3949–58.
41. Nestlé, "Nestlé in Society：Creating Shared Value and Meeting Our Commitments 2017," 2017.
42. Nick Hughes and Susie Lonie, "M-PESA：Mobile Money for the 'Unbanked' Turning Cellphones into 24-Hour Tellers in Kenya," *Innovations：Technology, Governance, Globalization* 2, no. 1–2（April 2007）：63–81； Tavneet Suri and William Jack, "The Long-Run Poverty and Gender Impacts of Mobile Money," *Science* 354, no. 6317（December 9, 2016）：1288–92；Isaac Mbiti and David Weil, "Mobile Banking：The Impact of M-Pesa in Kenya," in *African Successes, Volume* III：*Modernization and Development*, eds. Sebastian Edwards, Simon Johnson, and David N. Weil（Chicago：University of Chicago Press, 2016）, 247–93；Benjamin Ngugi, Matthew Pelowski, and Javier Gordon Ogembo, "M-Pesa：A Case Study of the Critical Early Adopters' Role in the Rapid Adoption of Mobile Money Banking in Kenya," *The Electronic Journal of Information Systems in Developing Countries* 43, no. 1（September 2010）：1–16.
43. Lisa Duke and Rajesh Chandy, "M-Pesa & Nick Hughes," CS-11–010, London Business School, August 2018.
44. Kenya National Bureau of Statistics, "Economic Survey 2005", 2005.
45. World Bank, "Rural Population（% of Total Population）," Data World Bank, 2018.
46. E. Totolo, F. Gwer, and J. Odero, "The Price of Being Banked," FSD Kenya, August 2017.
47. Kenya National Bureau of Statistics, "Economic Survey 2005".
48. Michael Joseph, "FY 2008/2009 Annual Results Presentation & Investor Update," Safaricom, 2009.
49. Vodafone, "M-PESA," Vodafone.com, accessed April 2020.
50. Will Smale, "The Mistake That Led to a £1.2bn Business," *BBC News*,

January 28, 2019.

51. Wise, "The Wise Story," accessed April 2020; and PwC; "Downright Disruptive Technology—We Meet TransferWise Co-Founder Kristo Käärmann," Fast Growth Companies（blog）, April 25, 2014.
52. Jordan Bishop, "TransferWise Review： The Future of International Money Transfers Is Here," *Forbes*, November 29, 2017； Wise, "Our Mission to Zero Fees—an Update," Wise News, October 23, 2017.
53. Patrick Collinson, "Revealed： The Huge Profits Earned by Big Banks on Overseas Money Transfers," *The Guardian*, April 8, 2017.
54. Wise（formerly TransferWise）, "Annual Report and Consolidated Financial Statements for the Year Ended 31 March 2019," 2019.
55. Reuters Staff, "TransferWise Completes $319 Million Secondary Share Sale at a $5 Billion Valuation," Reuters, July 28, 2020.

第二章 找漏洞

1. G1 Globo, "Brasil Tem Maior Juro do Cartão Entre Países da América Latina, Diz Proteste," *G1 Economia*, July 17, 2012.
2. Pedro Peduzzi, "Juros Anuais do Cartão de Crédito Chegam a Até 875%," *Agência Brasil*, March 14, 2021.
3. Banco Central de Reserva del Perú Gerencia Central de Estudios Económicos, "Tasas de Interés," BCRP Data, accessed April 2020.
4. Robert P. Maloney, "Usury and Restrictions on Interest-Taking in the Ancient Near East," *Catholic Biblical Quarterly* 36, no. 1（January 1974）：1–20.
5. William Shakespeare, *The Merchant of Venice*, ed. Laura Hutchings（Harlow, Essex, UK: Longman, 1994）.
6. Jacques Peretti, "The Cayman Islands—Home to 100,000 Companies and the £8.50 Packet of Fish Fingers," *The Guardian*, January 18, 2016.
7. Amelia Coutinho, "Arthur Ernst Ewert," in *Centro de Pesquisa e Documentação de História Contemporânea do Brasil*, Fundação Getulio Vargas（FGV）,

accessed April 2020.
8. Daniel M. Neves, "Como Se Defende um Comunista：uma Análise Retórico-Discursiva da Defesa Judicial de Harry Berger por Sobral Pinto," MSc Thesis, Universidade Federal de São João del-Rei, 2013.
9. Presidência da República Casa Civil Subchefia para Assuntos Jurídicos（Brazil）, "Decreto N°24.645, de 10 de Julho de 1934," accessed April 2020.
10. Gabriel Giorgi, "El Animal Comunista," Hemispheric Institute, accessed April 2020; and Neves, "Como Se Defende um Comunista."
11. Jake Wallis Simons, "Malta: Moment of Decision on Divorce," *The Guardian*, May 28, 2011.
12. Daniela Horvitz Lennon, "Family Law in Chile: Overview," Thomsom Reuters Practical Law, 2020.
13. Rachael O'Connor, "On This Day in 1997, Ireland's Controversial Divorce Laws Came into Effect," *The Irish Post*, February 27, 2020.
14. Randall Hackley, "Divorce Is Now Legal in Argentina But, So Far, Few Couples HaveTaken the Break," *Los Angeles Times*, July 12, 1987.
15. "Brazilian President Approves Bill Allowing Limited Right to Divorce," *The New York Times*, December 27, 1977.
16. Herma Hill Kay, "An Appraisal of California's No-Fault Divorce Law," California Law Review 75, no. 1（1987）：291–319.
17. Post Staff Report, "NY Last State to Recognize 'No Fault' Divorce," New York Post, August 16, 2010.
18. Wendy Paris, "Destination Divorces Are Turning Heartbreaks into Holidays," *Quartz*, April 9, 2015.
19. Rosenstiel v. Rosenstiel, 16 N.Y.2d 64, 262 N.Y.S.2d 86, 209 N.E.2d 709（N.Y.1965）, accessed April 2020.
20. "Mexican Divorce—a Survey," *Fordham Law Review* 33, no. 3（1965）.
21. Marshall Hail, "Divorce by Mail," *Vanity Fair*, August 6, 2000.
22. Katie Cisneros, "Quickie Divorces Granted in Juárez," *Borderlands* 13

（1995）.
23. "Domestic Relations: The Perils of Mexican Divorce," *Time*, December 27, 1963.
24. "End of the Road for Monroe and Miller," *BBC News*, January 24, 1961.
25. "Paulette Wins Separation from Charlie Chaplin," *The Deseret News*, June 5, 1942.
26. Instituto Brasileiro de Direito de Família, "A Trajetória do Divórcio no Brasil: A Consolidação do Estado Democrático de Direito," Jusbrasil, July 8, 2010.
27. Rose Saconi and Carlos Eduardo Entini, "Divórcio Acabou Com O Amor Fora da Lei," *Estadão*, November 30, 2012；Laura Capriglione, "Para Os Filhos, 'Casa' Substituiu 'Lar,'" *Folha de São Paulo*, June 24, 2007.
28. Marvin M. Moore, "The Case for Marriage by Proxy," *Cleveland State Law Review* 11, no. 313（1962）；John S. Bradway, "Legalizing Proxy Marriages," *University of Kansas City Law Review* 21（1953）：111–26, accessed April 2020.
29. Alan Travis, "Immigration Inspector Warns of Rise in Proxy Marriage Misuse," *The Guardian*, June 19, 2014；Jesse Klein, "Another Effect of Covid：Thousands of Double Proxy Weddings," *The New York Times*, December 15, 2020.
30. 更新数据请参考人权运动基金的官方网站。
31. Government of the Netherlands, "Same-Sex Marriage," Marriage, Registered Partnership and Cohabitation Agreements,accessed April 2020.
32. Rosie Perper, "Countries Around the World Where Same-Sex Marriage Is Legal," *Business Insider*, May 28, 2020.
33. "World of Weddings：Same-Sex Couples in Israel Find Legal Loophole to Recognize Marriages," CBS News, December 5, 2019.
34. Aeyal Gross, "Why Gay Marriage Isn't Coming to Israel Any Time Soon," *Haaretz*, June 30, 2015.
35. Olga A. Gulevich, Evgeny N. Osin, Nadezhda A. Isaenko, and Lilia M.

注 释

Brainis, "Scrutinizing Homophobia : A Model of Perception of Homosexuals in Russia," *Journal of Homosexuality* 65, no.13（November 21, 2017）; Radzhana Buyantueva, "LGBT Rights Activism and Homophobia in Russia," *Journal of Homosexuality* 65, no .4（June 6, 2017）.

36. Catherine Heath, "Family Law in the Russian Federation: Overview," Thomson Reuters Practical Law, November 1, 2020.
37. Lydia Smith, "Russia Recognises Same-Sex Marriage for First Time After Couple Finds Legal Loophole," *The Independent*, January 26, 2018 ; Patrick Kelleher, "Russian Authorities 'Accidentally' Recognise Queer Couple's Same-Sex Marriage Thanks to a Legal Loophole," *PinkNews*, June 23, 2020.
38. Daria Litvinova, "Masked Men and Murder: Vigilantes Terrorise LGBT+ Russians," Reuters, September 24, 2019.
39. Lucy Ash, "Inside Poland's 'LGBT-Free Zones,'" *BBC News*, September 20, 2020.
40. Amnesty International UK, "Uganda's New Anti-Human Rights Laws Aren't Just Punishing LGBTI People," Amnesty International UK, Issues, Free Speech, May 18, 2020.
41. Human Rights Watch, "Morocco : Homophobic Response to Mob Attack," Human Rights Watch, July 15, 2015.
42. WHO, "Preventing Unsafe Abortion," Evidence Brief, September 25, 2020.
43. J. Bearak, A. Popinchalk, B. Ganatra, A-B. Moller, Ö. Tunçalp, C. Beavin, L. Kwok, and L. Alkema, "Unintended Pregnancy and Abortion by Income, Region, and the Legal Status of Abortion : Estimates from a Comprehensive Model for 1990–2019," *Lancet Global Health* 8, no. 9（September 2020）: e1152–e1161, doi : 10.1016/S2214-109X(20)30315-6.
44. Susheela Singh, Lisa Remez, Gilda Sedgh, Lorraine Kwok, and Tsuyoshi Onda, "Abortion Worldwide 2017: Uneven Progress and Unequal Access," Guttmacher Institute, March 2018.
45. Bela Ganatra, Caitlin Gerdts, Clémentine Rossier, Brooke Ronald Johnson,

Özge Tunçalp, Anisa Assifi, Gilda Sedgh, et al., "Global, Regional, and Subregional Classification of Abortions by Safety, 2010–14：Estimates from a Bayesian Hierarchical Model," *The Lancet* 390, no. 10110（November 2017）.

46. Vinod Mishra, Victor Gaigbe-Togbe, and Julia Ferre, "Abortion Policies and Reproductive Health Around the World," United Nations, Department of Economic and Social Affairs, Population Division, 2014.

47. *The vessel*, written and directed by Diana Whitten, Sovereignty Productions, 2014.

48. "United Nations Convention on the Law of the Sea," UN Publication Sales no. *E.83.V.5*, 1983.

49. Mary Gatter, Kelly Cleland, and Deborah L. Nucatola, "Efficacy and Safety of Medical Abortion Using Mifepristone and Buccal Misoprostol Through 63 Days," *Contraception* 91, no. 4（2015）：269–73.

50. Kat Eschner, "The Story of the Real Canary in the Coal Mine," *Smithsonian Magazine*, December 30, 2016.

51. Canary Watch, "About Canary Watch," Canarywatch.org, accessed April 2020.

52. "What Is a Warrant Canary?," *BBC News*, April 5, 2016.

53. Sarah E. Needleman, "Reddit's Valuation Doubles to $6 billion After Funding Round," *The Wall Street Journal*, February 8, 2021.

54. Joon Ian Wong, "Reddit's Big Hint That the Government Is Watching You Is a Missing 'Warrant Canary,'" *Quartz*, April 1, 2016.

55. John Schwartz, "Internet Activist, a Creator of RSS, Is Dead at 26, Apparently a Suicide," *The New York Times*, January 12, 2013.

56. Adam G. Dunn, Enrico Coiera, and Kenneth D. Mandl, "Is Biblioleaks Inevitable?," *Journal of Medical Internet Research* 16, no. 4（April 22, 2014）.

57. Instituto Brasileiro de Geografia e Estatística, "Portal do IBGE," accessed April 2020.

58. João Paulo Charleaux, "A Diplomacia Paralela da Compra de Respiradores Pelo Maranhão," *Nexo Jornal*, April 21, 2020.
59. "Maranhão Comprou da China, Mandou Para Etiópia e Driblou Governo Federal Para Ter Respiradores," *Folha de São Paulo*, April 16, 2020.
60. Charleaux, "A Diplomacia Paralela da Compra de Respiradores Pelo Maranhão," and "Maranhão Comprou da China."
61. Charles Piller, "An Anarchist Is Teaching Patients to Make Their Own Medications," *Scientific American*, October 13, 2017.
62. Jana Kasperkevic and Amanda Holpuch, "EpiPen CEO Hiked Prices on Two Dozen Products and Got a 671% Pay Raise," *The Guardian*, August 24, 2016.
63. Olga Khazan, "The True Cost of an Expensive Medication," *The Atlantic*, September 25, 2015.
64. "1989 Basel Convention on the Control of Transboundary Movements of Hazardous Wastes and Their Disposal," *Journal of Environmental Law* 1, no. 2（1989）.
65. Nikita Shukla, "How the Basel Convention Has Harmed Developing Countries," Earth.org, March 30, 2020.
66. Peter Yeung, "The Toxic Effects of Electronic Waste in Accra, Ghana," Bloomberg CitiLab Environment, May 29, 2019.
67. C. P. Baldé, V. Forti, V. Gray, R. Kuehr, and P. Stegmann, "The Global E-Waste Monitor 2017," Bonn/Geneva/Vienna: United Nations University, International Telecommunication Union（ITU）& International Solid Waste Association, 2017.
68. Kevin Brigden, Iryna Labunska, David Santillo, and Paul Johnston, "Chemical Contamination at E-Waste Recycling and Disposal Sites in Accra and Korforidua, Ghana," Greenpeace Research Laboratories, August 2008.
69. Clemens Höges, "How Europe's Discarded Computers Are Poisoning Africa's Kids," *Spiegel International*, December 4, 2009.

第三章　迂回战

1. Amit Madheshiya and Shirley Abraham, "Tiled Gods Appear on Mumbai's Streets," Tasveer Ghar, a Digital Network of South Asian Popular Visual Culture, accessed April 2020.
2. Helen Regan and Manveena Suri, "Half of India Couldn't Access a Toilet 5 Years Ago. Modi Built 110M Latrines—But Will People Use Them?," CNN, October 6, 2019.
3. The Clean Indian, "Pissing Tanker," video, YouTube, April 30, 2014.
4. Aur Dikhao, "#Dont LetHerGo-Kangana Ranaut,Amitabh Bachchan & More Bollywood Comes Together for 'Swachh Bharat,'" video, YouTube, August 10, 2016.
5. Stephanie Kramer, "Key Findings About the Religious Composition of India," Pew Research Center, September 21, 2021.
6. Donella H. Meadows, *Thinking in Systems: A Primer*, ed. Diana Wright. (White River Junction,Vt.：Chelsea Green Publishing, 2008）.
7. Dan Barry and Caitlin Dickerson, "The Killer Flu of 1918：A Philadelphia Story," *The New York Times*, April 4, 2020.
8. Cambridge University, "Spanish Flu：A Warning from History," film, YouTube, November 30, 2018.
9. Nina Strochlic and Riley D. Champine, "How Some Cities 'Flattened the Curve' During the 1918 Flu Pandemic," History and Culture, Coronavirus Coverage, *National Geographic*, March 27, 2020.
10. Barry and Dickerson, "The Killer Flu of 1918."
11. Cambridge University, "Spanish Flu：A Warning from History."
12. Eric Lipton and Jennifer Steinhauer, "The Untold Story of the Birth of Social Distancing," *The New York Times*, April 22, 2020.
13. Cabinet Office, National Security and Intelligence, and The Rt Hon Caroline Nokes, MP, "National Risk Register of Civil Emergencies—2017 Edition," Emergency Preparation, Response and Recovery, Government of the United

Kingdom, September 14, 2017.
14. Lipton and Steinhauer, "The Untold Story of the Birth of Social Distancing."
15. Abigail Tracy, "How Trump Gutted Obama's Pandemic-Preparedness Systems," *Vanity Fair*, May 1, 2020.
16. Lipton and Steinhauer, "The Untold Story of the Birth of Social Distancing."
17. Robert J. Glass, Laura M. Glass, Walter E. Beyeler, and H. Jason Min, "Targeted Social Distancing Designs for Pandemic Influenza," *Emerging Infectious Diseases* 12, no. 11（November 1, 2006）.
18. US Department of Commerce, "Historical Estimates of World Population," United States Census Bureau, accessed April 2020.
19. US Department of Commerce, "US and World Population Clock," United States Census Bureau, accessed April 2020.
20. Paola Criscuolo, Ammon Salter, and Anne L. J. Ter Wal, "Going Underground: Bootlegging and Individual Innovative Performance," *Organization Science* 25, no. 5（October 2014）: 1287–305; Charalampos Mainemelis, "Stealing Fire: Creative Deviance in the Evolution of New Ideas," *Academy of Management Review* 35, no. 4（October 2010）: 558–78.
21. 费利克斯·霍夫曼在一本德国百科全书的脚注中写下了关于他越轨创新动机的故事。这一说法遭到了其他人的质疑，他们声称霍夫曼是在他的同事阿瑟·艾兴格伦的指导下进行的这项工作。更多信息请参考以下两个来源：W. Sneader, "The Discovery of Aspirin: A Reappraisal," *BMJ* 321（7276）（2000）: 1591–94; the Science History Institute webpage on Felix Hoffmann。
22. Andrea Meyerhoff, Renata Albrecht, Joette M. Meyer, Peter Dionne, Karen Higgins, and Dianne Murphy, "US Food and Drug Administration Approval of Ciprofloxacin Hydrochloride for Management of Postexposure Inhalational Anthrax," *Clinical Infectious Diseases* 39, no. 3（August 2004）303–8.
23. Wolfgang Runge, *Technology Entrepreneurship: A Treatise on Entrepreneurs and Entrepreneurship for and in Technology Ventures*（Karlsruhe: Scientific

Publishing, 1994）.

24. George Andres, "Behind the Screen at Hewlett-Packard," *Forbes*, October 22, 2009.
25. Claudia C. Michalik, *Innovatives Engagement: Eine empirische Untersuchung zum Phänomen des Bootlegging*, Deutscher Universität Verlag, Gabler edition（Wissenschaft, 2003）.
26. Criscuolo, Salter, and Ter Wal, "Going Underground" and Mainemelis, "Stealing Fire".
27. Paul D. Kretkowski, "The 15 Percent Solution," *Wired*, January 23, 1998; Ernest Gundling and Jerry I. Porras, *The 3M Way to Innovation：Balancing People and Profit*（Tokyo and New York：Kodansha International, 2000）.
28. "What Is India's Caste System?," *BBC News*, June 19, 2019.
29. Marcos Mondardo, "Insecurity Territorialities and Biopolitical Strategies of the Guarani and Kaiowá Indigenous Folk on Brazil's Borderland Strip with Paraguay," *L'Espace Politique* [online] 31, no. 2017-1（April 18, 2017）.
30. Julia Dias Carneiro, "Carta Sobre 'Morte Coletiva' de Índios Gera Comoção e Incerteza," BBC Brasil, October 24, 2012.
31. Vincent Graff, "Meet the Yes Men Who Hoax the World," *The Guardian*, December 13, 2004.
32. N. J. Dawood and William Harvey, *Tales from the Thousand and One Nights*（London: Penguin, 2003）.

第四章　次优解

1. International Electrotechnical Commission, "International Standardization of Electrical Plugs and Sockets for Domestic Use," IEC—Brief History, accessed April 2020.
2. Reuters Staff, "3M Doubles Production of Respirator Masks amid Coronavirus Outbreak," Reuters, March 20, 2020.
3. Leila Abboud, "Inside the Factory：How LVMH Met France's Call for Hand Sanitiser in 72 Hours," *Financial Times*, March 19, 2020.

注　释

4. Abboud, "Inside the Factory."
5. CPCD 网站。
6. "Cada Ação Importa," Universo Online（UOL）, November 24, 2019.
7. "Tião Rocha e Araçuaí Sustentável," Centro Popular de Cultura e Desenvolvimento（CPCD）, accessed April 2020.
8. C. Nellemann and Interpol Environmental Crime Programme, eds., "Green Carbon, Black Trade: Illegal Logging, Tax Fraud and Laundering in the World's Tropical Forests," A Rapid Response Assessment, UN Environment Programme, GRID-Arendal（Birkeland, Norway: Birkeland Trykkeri AS, 2012）.
9. Topher White, "What Can Save the Rainforest? Your Used Cell Phone," TEDX CERN talk, posted September 2014, YouTube, March 15, 2015.
10. White, "What Can Save the Rainforest? Your Used Cell Phone."
11. Cassandra Brooklyn, "Deep in the Rainforest, Old Phones Are Catching Illegal Loggers," *Wired*, February 17, 2021.
12. World Health Organization and International Bank for Reconstruction and Development, "Tracking Universal Health Coverage: 2017 Global Monitoring Report," World Bank, 2017.
13. World Bank, "Combined Project Information Documents / Integrated Safeguards Datasheet (PID/ISDS)," Lake Victoria Transport Program, April 3, 2017.
14. Zipline, "Put Autonomy to Work," accessed April 2020.
15. Jake Bright, "Africa Is Becoming a Testbed for Commercial Drone Services," *TechCrunch*, May 22, 2016.
16. Federação das Indústrias do Estado de São Paulo（FIESP）, "Corrupção：Custos Econômicos e Propostas de Combate," DECOMTEC, March 2010.
17. *Cyberpunk*（Intercon Production,1990）, documentary.
18. Stephen Levy, *Crypto: How the Code Rebels Beat the Government, Saving Privacy in the Digital Age*（New York：Viking Penguin, 2001）.
19. Whitfield Diffie and Martin E. Hellman, "New Directions in Cryptography," *IEEE Transactions on Information Theory* 22, no. 6（November 1976）.

20. Steve Fyffe and Tom Abate, "Stanford Cryptography Pioneers Whitfield Diffie and Martin Hellman Win ACM 2015 A.M. Turing Award," *Stanford News*, March 1, 2016.
21. Julian Assange, Jacob Appelbaum, Andy Müller-Maguhn, and Jérémie Zimmerman, *Cypherpunks*：*Freedom and the Future of the Internet*（New York and London：Or Books, 2012）.
22. Ying-Ying Hsieh, Jean-Philippe Vergne, Philip Anderson, Karim Lakhani, and Markus Reitzig, "Bitcoin and the Rise of Decentralized Autonomous Organizations," *Journal of Organization Design* 7, no. 1（November 30, 2018）.
23. Andrea Peterson, "Hal Finney Received the First Bitcoin Transaction. Here's How He Describes It," *The Washington Post*, January 3, 2014.
24. Michael del Castillo, "The Founder of Bitcoin Pizza Day Is Celebrating Today in the Perfect Way," *Forbes*, May 22, 2018.
25. Lila Thulin, "The True Story of the Case Ruth Bader Ginsburg Argues in 'On the Basis of Sex,'" *Smithsonian Magazine*, December 24, 2018.
26. "Sarah Grimke," Elizabeth A. Sackler Center for Feminist Art, Brooklyn Museum, accessed April 2020.
27. Ruth Bader Ginsburg, interview by Wendy Webster Williams and Deborah James Merritt, April 10, 2009, transcript, Knowledge Bank, Ohio State University Libraries, Columbus, Ohio.
28. Thulin, "The True Story of the Case Ruth Bader Ginsburg Argues in 'On the Basis of Sex.'"
29. Thulin, "The True Story of the Case Ruth Bader Ginsburg Argues in 'On the Basis of Sex.'"
30. Charles E. Moritz and Commissioner of Internal Revenue, Moritz v. CIR, 469 F. 2d 466（United States Court of Appeals, Tenth Circuit 1972）.
31. Cary Frankling, "The Anti-Stereotyping Principle in Constitutional Sex Discrimination Law," *New York University Law Review* 85, no. 1（April 14, 2010）.

32. Franklin, "The Anti-Stereotyping Principle in Constitutional Sex Discrimination Law."
33. Thulin, "The True Story of the Case Ruth Bader Ginsburg Argues in 'On the Basis of Sex.'"
34. Jane Sherron De Hart, *Ruth Bader Ginsburg: A Life*（New York：Alfred A. Knopf, 2018）.
35. Reed v. Reed, 404 US 71（1971）, accessed April 2020.
36. Thulin, "The True Story of the Case Ruth Bader Ginsburg Argues in 'On the Basis of Sex.'"
37. Charles E. Moritz, Petitioner-appellant, v. Commissioner of Internal Revenue, Respondent-appellee, 469 F.2d 466（10th Cir. 1972）, accessed April 2020.
38. Ruth Bader Ginsburg, "The Need for the Equal Rights Amendment," *American Bar Association Journal* 59, no. 9（September 1973）.

第五章　变通的态度

1. Sigmund Freud, *Civilization and Its Discontents*, ed. James Strachey, trans. Joan Riviere（London: Hogarth Press, 1963）.
2. Thomas Hobbes, *On the Citizen*, ed. Richard Tuck and Michael Silverthorne（New York：Cambridge University Press, 1998）.
3. Hannah Arendt, "Eichmann in Jerusalem—I," *The New Yorker*, February 8,1963.
4. Hannah Arendt, *Eichmann in Jerusalem：A Report on the Banality of Evil*（New York：Penguin, 1994）.
5. Arendt, "Eichmann in Jerusalem—I."
6. Judith Butler, "Hannah Arendt's Challenge to Adolf Eichmann," *The Guardian*, August 29, 2011.
7. Stanley Milgram, "Behavioral Study of Obedience," *Journal of Abnormal and Social Psychology* 67, no. 4（1963）：371–78.
8. W. Richard Scott, *Institutions and Organizations*, 2nd ed.（Thousand Oaks,

Calif.：Sage Publications, 2001）.
9. Pierre Bourdieu, *Outline of a Theory of Practice*, trans. Richard Nice（Cambridge, UK：Cambridge University Press, 1977）.
10. Douglass C. North, *Institutions, Institutional Change and Economic Perfomance*（Cambridge, UK：Cambridge University Press, 1990）.
11. Scott, *Institutions and Organizations*.
12. Amos Tversky and Daniel Kahneman, "Judgment Under Uncertainty：Heuristics and Biases," *Science* 185, no. 4157（September 27, 1974）：1124–31.
13. Michel Foucault, *Madness and Civilization: A History of Insanity in the Age of Reason*（New York：Vintage Books, 1964）.
14. Martin Luther King Jr., "To Governor James P. Coleman," June 7, 1958, accessed April 2020.
15. Foucault, *Madness and Civilization*.
16. "Public Good or Private Wealth?," Oxfam GB, January 2019.
17. Michel Foucault, *Discipline and Punish*（Harmondsworth, England：Penguim Books, 1979）.
18. Ruth Wilson Gilmore, *Golden Gulag：Prisons, Surplus, Crisis, and Opposition in Globalizing California*（Berkeley：University of California Press, 2007）.
19. "Lance Armstrong：USADA Report Labels Him 'a Serial Cheat,'" *BBC News*, October 11, 2012.
20. William Bowers, *Student Dishonesty and Its Control in College*（New York：Columbia University Press, 1964）.
21. Meredith Wadman, "One in Three Scientists Confesses to Having Sinned," *Nature* 435, no. 7043（June 2005）.
22. Nicholas Wade, "Harvard Researcher May Have Fabricated Data," *The New York Times*, August 27, 2010.
23. M. D. Hauser, "Costs of Deception: Cheaters Are Punished in Rhesus Monkeys（Macaca Mulatta）," *Proceedings of the National Academy of*

Science 89, no. 24（1992）.

24. Nina Mazar, On Amir, and Dan Ariely, "The Dishonesty of Honest People：A Theory of Self-Concept Maintenance," *Journal of Marketing Research* 45, no. 6（2008）：633–44.
25. Martin Luther King Jr., "Letter from a Birmingham Jail [King,Jr.]," April 16, 1963, accessed April 2020.
26. David Souter, Ruth B. Ginsburg, David S. Tatel, and Linda Greenhouse, "The Supreme Court and Useful Knowledge：Panel Discussion," *Proceedings of the American Philosophical Society* 154, no. 3（September 2010）：294–306.

第六章　变通的思维

1. Reginaldo Prandi, "Exu, de Mensageiro a Diabo. Sincretismo Católico e Demonização do Orixá Exu," *Revista USP* 50（August 30, 2001）：46.
2. John Pemberton, "Eshu-Elegba: The Yoruba Trickster God," *African Arts* 9, no. 1（October 1975）：20.
3. Joan Wescott, "The Sculpture and Myths of Eshu-Elegba, the Yoruba Trickster: Definition and Interpretation in Yoruba Iconography," *Africa* 32, no. 4（October 1962）：336–54.
4. Chip Heath and Dan Heath, "The Curse of Knowledge," *Harvard Business Review*, December 2006.
5. Sheila Jasanoff, *The Fifth Branch：Science Advisers as Policymakers*（Cambridge, Mass.：Harvard University Press, 1990）.
6. Judith Hoch-Smith and Ernesto Pichardo, "Having Thrown a Stone Today Eshu Kills a Bird of Yesterday," *Caribbean Review* 7, no. 4（1978）.
7. Steve Rayner, "Wicked Problems: Clumsy Solutions—Diagnoses and Prescriptions for Environmental Ills," First Jack Beale Memorial Lecture, University of South Wales, Sydney, Australia, July 25, 2006, James Martin Institute for Science and Civilization.
8. Richard Gunderman, "John Keats' Concept of 'Negative Capability'—or

Sitting in Uncertainty—Is Needed Now More than Ever," *The Conversation*, February 22, 2021.

9. Chip Heath and Dan Heath, *Made to Stick*（New York：Random House, 2010）.

10. 美国国防部长唐纳德·拉姆斯菲尔德在一次新闻发布会上使用过这些术语。此后，许多学者都用其描述不确定性的不同层面。如 Andy Stirling, "Keep It Complex," *Nature* 468, no. 7327（December 2010）：1029–31。

11. 最初来源有争议，一些人认为可以追溯至：T. S. Eliot's essay on Andrew Marvell；见 T.S. Eliot, *Selected Essays*（New York：Harcourt Brace Jovanovich, 1978）。

12. Ann Langley, "Between 'Paralysis by Analysis' and 'Extinction by Instinct,'" *MIT Sloan Management Review*, April 15, 1995.

13. 布莱恩·马苏米在该书的译者序中对砖块进行如此比喻。Gilles Deleuze and Félix Guattari, *A Thousand Plateaus*：*Capitalism and Schizophrenia*（Minneapolis and London：University of Minnesota Press, 1987）。

14. Anil K. Gupta, *Grassroots Innovation*：*Minds on the Margin Are Not Marginal Minds*（Delhi: Penguin Random House, 2016）.

15. Roger Evered and Meryl Reis Louis, "Alternative Perspectives in the Organizational Sciences: 'Inquiry from the Inside' and 'Inquiry from the Outside,'" *Academy of Management Review* 6, no. 3（July 1981）：385–95.

16. John Steinbeck, *The Grapes of Wrath*（New York：Viking, 1939）.

17. Daniel Kahneman, Jack L. Knetsch, and Richard H. Thaler, "Experimental Tests of the Endowment Effect and the Coase Theorem," *Journal of Political Economy* 98, no. 6（December 1990）：1325–48；Dan Ariely, *Predictably Irrational*：*The Hidden Forces That Shape Our Decisions*（New York：Harper Perennial, 2010）.

18. David Epstein, *Range*: *Why Generalists Triumph in a Specialized World*（New York：Riverhead Books, 2019）.

注 释

19. Suresh S. Malladi and Hemang C. Subramanian, "Bug Bounty Programs for Cybersecurity: Practices, Issues ,and Recommendations," *IEEE Software* 37, no. 1（January 2020）: 31–39.
20. James G. March, "Exploration and Exploitation in Organizational Learning," *Organization Science* 2, no. 1（1991）: 71–87; Charles A. O'Reilly and Michael L. Tushman, "Organizational Ambidexterity: Past, Present, and Future," *Academy of Management Perspectives* 27, no. 4（November 2013）: 324–38.
21. Ikujiro Nonaka and Johny K. Johansson, "Japanese Management: What About the 'Hard'Skills?," *Academy of Management Review* 10, no. 2(April 1985）: 181–91.
22. Peter M. Senge, *The Fifth Discipline: The Art and Practice of the Learning Organization*（New York: Doubleday, 1990）.
23. 已有诸多知识领域研究了在模糊情景下开展局部实践的价值，请参考公共领域的著名研究：Charles E. Lindblom, "The Science of 'Muddling Through,'" *Public Administration Review* 19, no. 2（1959）。
24. F. P. Brooks, "No Silver Bullet Essence and Accidents of Software Engineering," *IEEE Computer* 20, no. 4 (April 1987): 10–19.
25. Stuart A. Kauffman, "The Sciences of Complexity and 'Origins of Order,'" *PSA : Proceedings of the Biennial Meeting of the Philosophy of Science Association* 1990, no. 2（January 1990）: 299–322.
26. Horst W. J. Rittel and Melvin M. Webber, "Dilemmas in a General Theory of Planning," *Policy Sciences* 4, no. 2（June 1973）: 155–69.
27. Migine González-Wippler, *Tales of the Orishas*（New York : Original Publications, 1985）.

第七章　构建黑客思维

1. Russell Lincoln Ackoff, Herbert J. Addison, and Andrew Carey, *Systems Thinking for Curious Managers*: *With* 40 *New Management F-Laws*（Axminster, Devon : Triarchy Press, 2010）; Steven Ney and Marco Verweij, "Messy

Institutions for Wicked Problems: How to Generate Clumsy Solutions?," *Environment and Planning C：Government and Policy* 33, no. 6（December 2015）：1679–96.
2. Abraham H. Maslow, *The Psychology of Science：A Reconnaissance*（South Bend, Ind.：Gateway Editions, 1966）.
3. Mary Douglas, *Natural Symbols：Explorations in Cosmology*（Abingdon, UK：Routledge, 2003）.
4. 本文使用联合国儿童基金会提供的各国儿童腹泻死亡率数据对芬兰和赞比亚进行比较，数据见世界银行官网。
5. Institute for Health Metrics and Evaluation, "Diarrhoea Prevalence, Rate, Under 5, Male, 2019, Mean," University of Washington, 2018.
6. Hans Rosling, Ola Rosling, and Anna Rönnlund Rosling, *Factfulness：Ten Reasons We're Wrong about the World—and Why Things Are Better than You Think*（New York：Flatiron Books, 2018）.
7. Paul Galdone, *The Three Little Pigs*（New York: Seabury Press, 1970）.
8. UN High Commissioner for Refugees, "Figures at a Glance," UNHCR, accessed April 2020.
9. Lewis Carroll, *Alice in Wonderland and Through the Looking Glass*（New York：Grosset and Dunlap, 1946）.

第八章　组织制度中的黑客思维

1. Will Schwalbe, *The End of Your Life Book Club*（New York：Knopf, 2012）.
2. Senge, *The Fifth Discipline*；Rittel and Webber, "Dilemmas in a General Theory of Planning；" Ackoff, Addison, and Carey, *Systems Thinking for Curious Managers*；Ney and Verweij, "Messy Institutions for Wicked Problems."
3. Thomas Gilovich and Victoria Husted Medvec, "The Experience of Regret：What, When, and Why," *Psychological Review* 102, no. 2（1995）：379–95.
4. Ian McEwan, *Solar*（London：Jonathan Cape, 2010）.

注 释

5. Laurence J. Peter, *Peter's Almanac*（New York：William Morrow，1982）.
6. 许多系统变革实践者复制了这一理念，一些在有公共影响领域活动的慈善组织也采用了这一理念，例如奥米亚尔基金会。更多信息请参考：Peter Serge, Hal Hamilton, and John Kania, "The Dawn of System Leadership," *Stanford Social Innovation Review* 13, no. 1（2015）。
7. Roy Steiner, "Why Good Intentions Aren't Enough," Medium, Omidyar Network, May 12, 2017.
8. Steven Levy, *Hackers*：*Heroes of the Computer Revolution*（Sebastopol, Calif.：O'Reilly, 2010）; Eric S. Raymond, ed., *The New Hacker's Dictionary*（Cambridge, Mass.：MIT Press, 1991）.
9. eWeek editors, "Python Creator Scripts Inside Google," interview of Guido van Rossum by Peter Coffee, eWeek, March 6, 2006.
10. Eric S. Raymond, "The Cathedral and the Bazaar," *First Monday* 3, no. 2（March 2, 1998）; Eric S. Raymond, "Homesteading the Noosphere," *First Monday* 3, no. 10（October 5,1998）.
11. Roy F. Baumeister, Ellen Bratslavsky, Mark Muraven, and Dianne M. Tice, "Ego Depletion: Is the Active Self a Limited Resource?," *Journal of Personality and Social Psychology* 74, no. 5（1998）：1252–65.
12. John W. Mullins and Randy Komisar, *Getting to Plan B*：*Breaking Through to a Better Business Model*（Boston：Harvard Business School Publishing, 2009）.
13. 本书重新解释了"扩张规模"、"扩展深度"和"向外延伸"的定义，区别于以下文章：Michele-Lee Moore, Darcy Riddell, and Dana Vocisano, "Scaling Out, Scaling Up, Scaling Deep: Strategies of NonProfits in Advancing Systemic Social Innovation," *Journal of Corporate Citizenship* 2015, no. 58（June 1, 2015）：67–84。
14. Cynthia Rayner and Bonnici François, *The Systems Work of Social Change: How to Harness Connection, Context, and Power to Cultivate Deep and Enduring Change*（Oxford：Oxford University Press, 2021）.

15. Dambisa Moyo, *Dead Aid: Why Aid Is Not Working and How There Is a Better Way for Africa* (New York ： Farrar, Straus and Giroux, 2009).
16. Alex Nicholls, "The Legitimacy of Social Entrepreneurship: Reflexive Isomorphism in a Pre-Paradigmatic Field," *Entrepreneurship Theory and Practice* 34, no. 4(July 2010): 611–33 ; P. Grenier, "Social Entrepreneurship in the UK: From Rhetoric to Reality?," in *An Introduction to Social Entrepreneurship: Voices, Preconditions, Contexts*, ed. R. Zeigler (Cheltenham, Gloucester, UK ： Edward Elgar, 2009); A. Nicholls and A. H. Cho, "Social Entrepreneurship ： The Structuration of a Field," in *Social Entrepreneurship ： New Models of Sustainable Change*, ed. A. Nicholls (Oxford ： Oxford University Press, 2006).
17. Robert K. Merton, "The Unanticipated Consequences of Purposive Social Action," *American Sociological Review* 1, no. 6 (December 1936)： 894.
18. Herminia Ibarra, *Act Like a Leader, Think like a Leader* (Boston ： Harvard Business Review Press, 2015).
19. Herminia Ibarra, "Provisional Selves ： Experimenting with Image and Identity in Professional Adaptation," *Administrative Science Quarterly* 44, no. 4 (December 1999)： 764.
20. Rayner, "Wicked Problems."
21. D. W. Winnicott, "The Theory of the Parent-Infant Relationship," *International Journal of Psycho-Analysis* 41 (1960)： 585–95.
22. N. A. Gross, "Pragmatist Theory of Social Mechanisms," *American Sociological Review* 74, no. 3(2009)： 358–79 ; J. Whitford, "Pragmatism and the Untenable Dualism of Means and Ends ： Why Rational Choice Theory Does Not Deserve Paradigmatic Privilege," *Theory and Society* 31 (2002)： 325–63.
23. Malcolm Gladwell, "The Real Genius of Steve Jobs," *The New Yorker*, November 6, 2011.
24. Sidney G. Winter, "Purpose and Progress in the Theory of Strategy: Comments on Gavetti," *Organization Science* 23, no. 1 (February 2012)： 288–97 ;

注 释

Teppo Felin, Stuart Kauffman, Roger Koppl, and Giuseppe Longo, "Economic Opportunity and Evolution : Beyond Landscapes and Bounded Rationality," *Strategic Entrepreneurship Journal* 8, no. 4 (May 21, 2014): 269–82 ; Lindblom, "The Science of 'Muddling Through.'"

25. Adam Grant, *Originals : How Non-Conformists Move the World* (New York : Viking Penguin, 2016) .
26. Grant, *Originals*.

Hongwei Xu and Martin Ruef, "The Myth of the Risk-Tolerant Entrepreneur," *Strategic Organization* 2, no. 4 (November 2004): 331–55 ; Joseph Raffiee and Jie Feng, "Should I Quit My Day Job?: A Hybrid Path to Entrepreneurship," *Academy of Management Journal* 57, no. 4 (August 2014) : 936–63 ; Grant, *Originals* ; Ibarra, *Act Like a Leader, Think like a Leader*.

27. G. Petriglieri, "The Psychology Behind Effective Crisis Leadership," *Harvard Business Review*, Crisis Management, April 22, 2020.
28. Russell L. Ackoff, "The Art and Science of Mess Management," *Interfaces* 11, no. 1 (February 1981): 20–26.
29. Uri Friedman, "New Zealand's Prime Minister May Be the Most Effective Leader on the Planet," *The Atlantic*, April 19, 2020.
30. "The Guardian View on Bolsonaro's Covid Strategy : Murderous Folly," editorial, *The Guardian*, October 27, 2021.
31. John F. Padgett and Christopher K. Ansell, "Robust Action and the Rise of the Medici, 1400–1434," *American Journal of Sociology* 98, no. 6 (1993): 1259–1319 ; Amanda J. Porter, Philipp Tuertscher, and Marleen Huysman, "Saving Our Oceans : Scaling the Impact of Robust Action Through Crowdsourcing," *Journal of Management Studies* 57, no. 2 (2020): 246–86.
32. Fabrizio Ferraro, Dror Etzion, and Joel Gehman, "Tackling Grand Challenges Pragmatically : Robust Action Revisited," *Organization Studies* 36, no. 3 (February 24, 2015): 363–90.
33. Henry W. Chesbrough, *Open Innovation : The New Imperative for Creating*

and Profiting from Technology（Boston：Harvard Business School Press, 2006）.

34. C. K. Prahalad and Venkat Ramaswamy, "Co-Creation Experiences: The Next Practice in Value Creation," *Journal of Interactive Marketing* 18, no. 3（January 2004）：5–14.
35. 心理学和行为经济学研究已有许多关于从众心理和不良群体行为危害的研究，请参考以下研究案例：Irving L. Janis, *Victims of Groupthink*（Boston：Houghton Mifflin, 1972）。